U0289169

中传学者文库编委会

主　任： 廖祥忠　张树庭

副主任： 蔺海波　李　众　刘守训　李新军　王　晖
　　　　　杨　懿　柴剑平

成　员（按姓氏笔画排序）：

王廷信　王栋晗　王晓红　王　雷　文春英
龙小农　付　龙　叶　龙　刘东建　刘剑波
任孟山　李怀亮　李　舒　张绍华　张　晶
张根兴　张毓强　林卫国　郑　月　金　炜
金雪涛　周建新　庞　亮　赵新利　徐红梅
贾秀清　高晓虹　隋　岩　喻　梅　熊澄宇

中传学者文库

1954-2024

主编\柴剑平 执行主编\龙小农 副主编\张毓强 周建新

数字媒体资产管理

宋培义自选集

宋培义 著

中国传媒大学出版社

· 北京 ·

图书在版编目（CIP）数据

数字媒体资产管理：宋培义自选集 / 宋培义著 . -- 北京：中国传媒大学出版社，2024.8.

（中传学者文库 / 柴剑平主编).

ISBN 978-7-5657-3714-5

Ⅰ . TP37-53

中国国家版本馆 CIP 数据核字第 2024ZG8470 号

数字媒体资产管理：宋培义自选集
SHUZI MEITI ZICHAN GUANLI: SONG PEIYI ZIXUANJI

著　　者	宋培义	
责任编辑	沈　悦	
封面设计	锋尚设计	
责任印制	李志鹏	

出版发行	中国传媒大学出版社			
社　　址	北京市朝阳区定福庄东街 1 号	邮　　编	100024
电　　话	86-10-65450528　65450532	传　　真	65779405
网　　址	http://cucp.cuc.edu.cn		
经　　销	全国新华书店		

印　　刷	北京中科印刷有限公司
开　　本	710mm×1000mm　1/16
印　　张	12.5
字　　数	192 千字
版　　次	2024 年 8 月第 1 版
印　　次	2024 年 8 月第 1 次印刷

书　　号	ISBN 978-7-5657-3714-5/TP・3714	定　　价	60.00 元

本社法律顾问：北京嘉润律师事务所　郭建平

总 序

　　媒介是人类社会交流和传播的基本工具。从口语时代到印刷时代，再经电子时代至今天的数智时代，媒介形态加速演变、融合程度深入发展，媒介已然成为现代社会运行的基础设施和操作系统。今天，人类已经迈入媒介社会，万物皆媒、人人皆媒，无媒介不社会、无传播不治理。今天，无论我们怎么用力于信息传播的研究、怎么重视信息传播人才的培养都不为过。

　　中国传媒大学（其前身为北京广播学院）作为新中国第一所信息传播类院校，自1954年创建伊始，即与媒介形态演变合律同拍、与国家发展同频共振，努力探索中国特色信息传播人才培养模式、构建中国信息传播类学科自主知识体系，执信息传播人才培养之牛耳、发信息传播研究之先声，被誉为"中国广播电视及传媒人才摇篮""信息传播领域知名学府"。

　　追溯中传肇始发轫之起源、瞩望中传砥砺跨越之未来，可谓创业维艰而其命维新。昔日中传因广播而起，因电视而兴，因网络而盛，今天和未来必乘风破浪、蓄势而上，因人工智能而强。在这期间，每一种媒介兴起，中传均吸引一批志于学、问于道、勤于术的学者汇聚于此，切磋学术、传道授业，立时代之潮头，回应社会需求，成为学界翘楚、行业中坚，遂有今日中传学术研究之森然气象，已历七秩而弦歌不断，将传百世亦风华正茂。

自新时代以来，中传坚守为党育人、为国育才初心，励精图治、勠力前行，秉承"系统治理、创新图强、交叉融合、特色发展"的办学理念，牢牢把握高等教育发展大势、传媒业态发展趋势，瞄准"智能传媒"和"国际一流"两大主攻方向，以世界为坐标、以未来为向度，完成了全面布局和系统升级，正在蹄疾步稳、高质量推动学校从传统高等教育向未来高等教育跨越、从传统传媒教育向智能传媒教育跨越、从国内一流向世界一流跨越，全力建设中国特色、世界一流传媒大学。

中国特色、世界一流，在于有大先生扎根中国大地，汇聚古今、融通中外；在于有大先生执教黉门，学高为师、身正为范；在于有大先生躬耕杏坛，敦品积学、启智润心。习近平总书记更强调，高校教师要立志成为大先生，在教书育人和科研创新上不断创造新业绩。中传广大教师素来以做大先生为毕生职志，努力成为新时代"经师"与"人师"的统一者，做真学问、立高品行，践履"立德树人"使命。

2024岁在甲辰，欣逢中传建校70华诞，学校特邀约部分学者钩玄勒要、增删批阅，遴选已公开刊发的论文汇编成集，出版"中传学者文库"，意在呈现学校在学科建设、科学研究、服务行业实践等方面的最新成果，赓续中传文脉，谱写时代新声。

文库汇聚老中青三代学者，资深学者渊渟岳峙、阐幽抉微；中年学者沉潜蓄势、厚积薄发；青年学者踌躇满志、未来可期。文库与五十周年校庆所出版的"北广学者文库"相承接，大致可勾勒中传知识生产薪火相传、三代辉映之概貌，反映中传在构建中国特色新闻传播类、传媒艺术类、传媒技术类学科体系、学术体系和话语体系方面的耕耘与收获，窥见中国特色信息传播类学科知识体系构建的发展脉络与轨迹。

这一构建过程，虽筚路蓝缕，却步履铿锵；虽垦荒拓野，亦四方辐辏。一批肇始于中传，交叉融合、具有中国特色的学科，如播音主持艺术学、广播电视艺术学、传媒艺术学、数字媒体艺术学、政治传播学等，从涓涓细流汇入滔滔江河，从中传走向全国，展现了中传学者构建中国自主知识体系的学术想象力和创新力。文库展示的虽然是历史，实则是呈现今天；看似是总结过去，实则是召唤未来。与其说这套文库的出版，是对既有学术成果的展示，毋宁说是对未来学术创新的邀约。

回首过往，七秩芳华。我们深知，唯有将马克思主义基本原理与中华优秀传统文化相结合，才能推动中华学术创造性转化和创新性发展，推动中国自主知识体系的构建。我们深知，唯有准确把握媒介形态演变的脉动、深刻认知媒介形态变革所产生的影响，才能推动中国信息传播类学科自主知识体系的构建与时俱进。

展望未来，星辰大海。我们深知，以人工智能为代表的产业和科技革命正迅疾而来，媒介生态正在加速重构，教育形态正在全面重塑，大学之使命与价值正在被重新定义；我们深知，唯有"胸怀国之大者"、面向世界科技前沿、面向经济主战场、面向国家重大需求，才能确保中传始终屹立于中国乃至世界传媒教育发展之潮头。

如何应对人工智能带来的深刻变革，对中传而言是一场要么"冲顶"、要么"灭顶"的"兴亡之战"。我们坚信，不管前方是雄关漫道，还是荆棘满途，唯有勇敢直面"教育强国，中传何为？"这一核

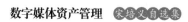
心命题，奋力书写"智能传媒教育，中传师生有为！"的精彩答卷，才能化危为机，奋力开创人工智能时代中传智能传媒教育新纪元。

　　功不唐捐，芳华七秩；风帆正举，赓续创新。

　　是为序。

第十四届全国政协委员，中国传媒大学党委书记、教授、博士生导师

前　言

　　数字媒体资产管理系统是内容管理平台的基础，它可以实现媒体内容的网络传输、节目内容非线性编辑制作、媒体内容资产管理、硬盘播出、归档内容共享、内容产品销售等的无缝集成，真正搭建完整的媒体内容平台。而数字媒体资产管理是指在技术系统的基础上，运用科学的理论和方法，对数字媒体资产进行计划、组织、存储、控制和开发利用的管理活动和过程，其目的是统筹资产的利用效率，使之价值最大化。

　　数字媒体资产管理在其构成、特点、需求等方面与常规产业的资产管理有很大区别，因其特殊性而形成了一个特定的业务领域。目前国内一些公司在技术层面（如硬件设备、软件产品、相应的标准、系统集成等）都能提供完整的解决方案，使数字媒体资产管理在技术系统方面紧跟世界先进水平，产品不断升级换代，为数字媒体资产的存储、共享和版权管理等提供了极大的便利。然而，目前国内已建成系统的主要作用是在进行媒体内容的数字化、高码率和低码率节目的海量存储、编目、内容的分类管理、内部资源共享和使用，还没有表现出巨大的市场经济开发潜力和社会影响力，在系统化、标准化及面向社会提供内容服务的商业化运作方面有巨大的发掘空间。国内数字媒体资产管理的研究和应用仍有许多理论和实践问题迫切需要深入研究和解决，如基于数字媒体资产管理的广电

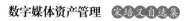
媒体业务流程再造、节目的创新开发、版权管理和版权付费、媒体内容资产的版权价值评估和定价、基于媒体内容资产的融媒体商业运营模式等问题。

目前，我们的社会已经进入数字经济时代，数字经济的核心是数据、数字技术和数字化平台，包括内容产品、服务和链接的数字化，以及互联网和数字技术支持的所有经济活动。随着消费者的需求不断变化和竞争对手不断涌现，内容产品与服务的更新周期越来越快，这就要求媒体组织要以最快的速度对市场和受众做出反应、以最快的速度制定新的战略并加以实施及进行后续的调整。竞争速度的压力使得媒体组织必须通过合作进行资源整合和版权开发，并运用大数据和人工智能技术分析受众的需求，通过灵活、柔性的节目制作系统生产出满足不同平台需求的多样化创新内容产品。基于对广电等媒体和新媒体平台一些问题的思考，作者认为，在媒体融合和数字经济环境下，数字媒体资产作为生产要素应发挥其竞争力源泉的作用，媒体组织迫切需要建立和完善针对数字资产管理的理论体系、研究方法及开发应用模式，以便使新的技术系统和数字资产能尽快转化为有效的生产力输出，并大幅度地提高媒体组织的绩效。这些问题正是本文集探讨的主要内容。本文集基于作者在数字媒体资产管理领域多年的研究成果汇集而成，主要包括以下几方面的内容：数字媒体资产管理系统与相关业务流程、数字媒体资产价值管理与内容产业价值链、数字媒体内容产品的版权管理与定价、数字媒体内容版权交易模式、电视剧和网络电影的版权价值评估模型研究等。本文集可供工商管理、数字经济、管理科学与工程等专业的高年级本科生和研究生作为参考书，也适合从事数字媒体资产管理与开发应用的广播电视等媒体行业的相关人员参考。

由于国内外这一领域可借鉴的理论成果较少，因此本书汇集的论文成果具有一定的创新性，同时也带有一定的探索性。正因为如此，本文集难免会存在一定的不足之处，敬请广大读者批评指正。本书的内容是基于作者以往发表的相关论文，这些论文有的是由作者独立完成，有的是作者与他人合作完成，他们包括孙江华、王慧中、刘妍妍、王立秀、黄昭文、曹树花、刘丹丹、刘雨童、张晶晶，在此向这些合作者表示感谢。

宋培义

2024 年 3 月

目　录

媒体资产管理系统在电视节目生产中的应用分析[*]

一、引言

媒体资产管理是媒体主体运用集成的思想和方法，对媒体的各种数字资产进行优化并按照一定的集成模式将媒体组织的资产构造成为一个有机整体，从而更大程度地提升媒体资产的整体效能，更加有效地支持媒体特定目标实现的动态过程。通过这种有目的性的资产整合过程，使得媒体组织对各类资产的需求能够得到有效满足，避免了媒体组织各部门面对的一个个"资源孤岛"。此外，通过媒体内容资产管理的对象范围与层次的不断扩大和深化，媒体主体对媒体内容资产的价值与潜能的利用和发挥也必将更加深入、更具创造性，媒体组织因此将能更好地适应环境的变化和竞争的需要，并产生良好的社会效益和经济效益。

事实上，实现媒体资产管理的重要技术设施——媒体资产管理系统是一个包含极大数量复杂模块的大型系统；不同的设施、服务以及第三方组件将成为这样一个系统的组成部分；在诸如电视媒体这样内容丰富的组织中，一般不会只包含单一的大型数字资产管理系统，而可能是大量交互的自治系

---

[*] 本文原载于《现代电视技术》2007 年第 11 期，收入本书时有改动。

统①。不同的内容管理系统间的交互甚至可以是跨越机构的，因此，媒体资产管理系统的结构体系还必须进一步发展。在这里，非常重要的两个方面就是如何组成一个媒体资产管理系统（也就是如何组织针对不同模块的接口），以及不同的独立系统间的交互实现。

开始人们对媒体资产管理系统的期望就是使之成为未来多媒体内容数字化生产制作、管理以及发布的平台。实际的管理应该是高度自动化的，只要可能都使用计算机化的分析、存档、处理以及管理工具。同时，系统应该具有通用性和普遍性，在只有少数或没有人工干预的情况下，对内容对象的所有元素（例如素材与元数据）能方便地实现跨组织机构的交换。此外，系统应该是规模可调的、可以用于各种格式和不同的媒体。这就意味着一定要可以使用相同的（至少是兼容的）技术，既可以管理相对较少数量的视听、低带宽、低码率的对象，也可以管理世界广播电视业巨头的资料（包括各种清晰度和多样化的媒体，它们还可能是存储于多个不同的载体上的）。这些内容对象可能是音频、视频、图像，也可能是网页、文档，等等。另外，媒体资产管理系统应该足够灵活地来支持与适应各种不同的应用状况和工作流。

尽管目前媒体资产管理系统已经取得了很大的进步，但是还有部分期望的要求并没有达到，进一步努力的方向应该是：（1）更好地支持自动内容处理过程；（2）更好地支持复制海量内容及与内容相关的元数据；（3）满足不同系统类型和请求的更加灵活的基础设施；（4）加强生产、后期制作与内容传播的灵活性；（5）提高系统的操作效率和整体的生产率。

二、与电视节目生产相关的应用分析

目前，国内大部分电视媒体的数字化还处在局部点的实现阶段，比如非线性编辑系统、硬盘播出系统等，虽然这些应用点的数字化为电视媒体提高

---

① ANDREAS M，PETER T. Professional content management systems：handling digital media assets［M］. Hoboken：John Wiley & Sons，2004.

了一定的工作效率以及带来了新的工作方式，但是它们各个部分是相对孤立的，所发挥的作用有限。从资源整合的角度看，如果在现有的基础上能实现整个电视媒体或更大范围的全数字化运作，特别是建立起数字媒体资产管理中心，则可为电视台带来巨大的优势。电视媒体所设计的资产管理系统应该是一种完全分布式管理方案的框架，用于资产内容的处理和管理；通过在内容丰富的媒体组织内进行系统的设计和实施来建成一个媒体资产数据交换中心，用于素材和元数据的管理和分配[①]。因此，在电视媒体的节目生产过程中，数字媒体资产管理的一些具体应用包含下列一些内容。

1. 整合生产

从基于 VTR 到基于服务器的制作系统的变化要求使用自动系统来存储和传送素材。这反过来又要求有一个内容管理的体系结构。在这种环境中，需要考虑的是对有效素材开发（包括相关的技术性和描述性的元数据）至关重要的实质素材和要素以及它们的分类过程。因此，必须将媒体资产管理系统整合到编辑和生产过程中，以避免生产过程中有用信息丢失。

2. 素材管理

把一个视频流当成没有任何特殊语法或语义的一大堆字节是不够的。系统中必须有一些基本的控制信息的功能，包括转码到不同的格式。而且，流中所包含的有效元数据对文档用户必须是可访问的。因此，媒体资产管理系统必须能够应用信号压缩来处理新的数字视频格式，并能够提取和解释相关的编码元数据（如视频参数、压缩方案等）。

3. 浏览

为了节省带宽和存储容量并减少生产服务器的负载，要求在桌面上能够观看和操纵高码率的格式。两种不同程度的浏览要区分开来，即用于粗编浏览的编辑决策列表（Edit Decision List，EDL）及用于内容查看和摘录筛选的内容浏览。

---

① 李玉婷，宋培义．电视媒体资产管理系统工作流的集成［J］.广播与电视技术，2006（7）：87-90.

EDL 浏览有以下属性：（1）帧率与原始高码率材料的一致；（2）时码的帧准确表示；（3）帧准确导航；（4）质量水平适合生产粗编稿；（5）编码方法提供的图片质量必须等于或高于 VHS 或 MPEG-1；（6）编码方案必须标准化且为行业所支持；（7）必须能在标准的 PC 机上运行；（8）时码必须是浏览格式编码的一部分。

与之相比，内容浏览在帧的准确性和时码方面就没有那么严格的要求了，但是它在评价和选择材料上仍然是一个有价值的工具。内容浏览具有比特率预览质量非常低的特征，但是其基本特征模式功能（如实时重放、快进、快退）必须是可用的。由于这种素材版本在某些情况下是公众可用的，因此有一个非授权的商业化保护系统（如版权保护系统）是十分必要的。同时其编码方案应该与因特网技术相兼容。例如，内容浏览应该支持流和文件传送。

4. 信息管理

信息管理主要是解决元数据的处理和索引库的合并。元数据的处理覆盖了整个视音频资料的生命周期，从创建点到归档点。唯一资料标识符（Unique Material Identifier，UMID）对素材在整个生命周期进行标识，更多的是唯一标识符代表了内容对象。元数据在通过自动分析过程导入时自动产生，同时与内容相关的现存元数据被自动提取。自动化的工具应该支持元数据生成的整个过程。在这种环境中，使用标准的格式是非常重要的。

内容管理系统应该能提供不同元数据的描述方案，这包括遗留数据库的数据模型以及各种标准编码方案。即使在一个系统内，支持多数据库和使用不同数据模型的信息系统也是必要的。

5. 用户界面

用户界面对于一个媒体资产管理系统的成功是很关键的。既然媒体资产管理系统是内容处理的一个通用平台，并且有许多不同技能和背景的用户要与系统进行交互，因此，应用程序界面必须同时支持专业用户和非专业用户。不同的用户界面是解决各类用户组不同需求的一种方式。界面必须符合人机工程学并且能够满足特殊用户的任务要求。

搜索界面必须考虑最好的 IT 实践。为了服务于截然不同的用户组，搜索界面必须支持不同的搜索理念。例如，全文本搜索是一种支持非技术用户的方式，相比之下，档案员、分类员和媒体管理者就非常愿意用本地界面直接锁定搜索和进行属性搜索。无论在媒体资产管理系统内采用何种搜索技术，系统保持可扩展性和对新的搜索技术的开放性是很重要的。

6. 操作要求

既然媒体资产管理系统是所有与资产内容相关操作的中心，满足操作系统的要求是很关键的。标准化操作对系统提出了很多要求。媒体资产管理系统在一个富媒体组织内所发挥的作用可与操作系统（Operating System，OS）相比拟，即除了信息管理，它也为其他服务和组件提供一个平台和主机。在这种情况下，必须考虑到下面的操作要求：

（1）提供与文件系统相同的存储、组织、查找和检索资产的方式。这意味着媒体资产管理系统必须允许文件的存储、迁移、重命名和删除。而且，必须能以目录树的形式组织文件，能以合适的系统命令查找它们，能用应用程序来访问它们。

（2）提供系统范围的中心服务，如用户管理、域名服务、资源保留及其他内容。这与操作系统提供的管理和系统管理能力是相似的。

（3）提供运行服务的方式，这些服务包括可以访问媒体资产管理系统内归档的资产、可以操作资产或提取信息。这种方式扩展了媒体资产管理系统的能力。

（4）提供在系统顶层运行应用程序的方法，允许对系统内存储的信息和资料的访问，支持工作流中所有的相关步骤；允许对系统性能的访问。

具有这些性能的媒体资产管理系统可为所有与内容相关的管理任务提供背景支持。因此，它不仅是部署于一个具体媒体组织的一个组件，而且能为一个内容丰富的媒体组织提供理想的服务。

7. 系统要求

在大多数情况下，企业范围的媒体资产管理系统将被引入现存的媒体组织环境中，而这种组织环境处理媒体内容资产已有一段时间了。从这个意义上讲，媒体资产管理系统不是一个全新的概念，必须将现存系统结构和操作及以往的系统考虑进去。因此，媒体资产管理系统必须提供定义良好的界面，以允许将现存技术和方案容易地集成到整个框架中。考虑到现存的操作，媒体资产管理系统的引入必须是逐步的。为了达到这个目的，最好的方法是逐步由现存系统过渡到新系统，这种环境中的主要任务之一就是集成一些重要的可借鉴的系统，如集成现有的数据库或信息系统、制作系统、新闻工作室解决方案或某种中间件产品等[①]。

此外，媒体资产管理系统必须对集成的组件实行开放，这些组件可以是来自其他供应商所提供的用于特定任务的专门设备和仪器，它们形成了集成的媒体资产管理体系结构的重要组成部分。先进的日志、索引或搜索引擎就是其中的例子。必须能够很容易地将这些技术集成到整体解决方案中。

为了支持地理位置上分散的大型媒体组织，媒体资产管理系统也需要支持该组织的远程合作，如本地或地区演播室或远程工作站。此外，一个媒体组织的内部结构也要求支持分布式操作，如不同的组织单元（如编辑办公室等）都保留有它们自己的内容。分布式也是处理系统伸缩性功能的一种方式。

因此，媒体资产管理系统的主要要求有开放性、模块化及分布式[②]。

（1）开放性：解决方案必须提供定义良好的界面以使以往的系统和第三方系统的集成更为便利。

（2）模块化：解决方案必须是灵活的和基于组件的，必须提供一个清楚详细的功能说明书，以说明哪个功能需要由哪个组件来提供支持。

（3）分布式：解决方案必须支持分布式处理，以允许处于不同地理位置的系统和系统组件的集成，并可以更好地升级。

这些要求如何得到满足不仅取决于技术设计，也取决于内容要素或信息

---

① 宋培义，张仲义. 数字媒体资产管理探析［J］. 北京交通大学学报（社科版），2007（4）：69-73.

② AUSTERBERRY D. Digital asset management［M］. 2nd ed. Woburn：Focal Press，2007.

结构的特征。例如元数据，开放性是指在不考虑它们的数据结构和内容表示时，独立系统之间进行的信息交换，这意味着必须存在一种标准化的通用的元数据格式以适用这种交换。软件的开放性不仅是指开放的界面，还指这些产品必须是可扩展的和向后兼容的，而且它们应该支持迁移管理策略。

8. 系统结构和管理要求

（1）系统的结构要求

前面讨论的要求已经涉及了系统结构。考虑到系统所涉及的大量组件，一个高度模块化的系统结构（可以通过添加特殊服务需求的模块来进行扩展的这样一种系统结构）将确保在技术改进时通过替换个别的模块来使投资的利益受到保护，这样的结构也是可升级的，能满足不断增长的功能及系统规模扩展的需求。

不同的媒体资产管理系统组件的生命周期的差别非常大。一个由定义良好的功能和界面模块组成的开放系统，是保护投资利益的有效解决方案。同时还必须保证在系统升级时，对内容的无缝导入和导出不会受影响。此外，通过使用标准化的界面来确保不同系统组件的可交互操作性，即当不同系统之间需要进行一些功能性的相互操作时，例如需要使用对方的资源等，通过这种相互之间的利用和支持，共同完成设定的任务。媒体资产管理系统的交互式操作问题涉及了不同的供应商解决方案、不同的文档模块、服务和客户、归档和生产以及新旧归档系统等，所有这些都要解决好。

（2）系统的资源管理要求

数字资产管理系统能聚合多种来源类型的资源，包括互联网和媒体组织内外专业网等来源的资源。内部资源的来源包括新闻网、播出网、制作网、媒资网、广播电台、网络电视台、成片、节目和素材等；外部资源的来源包括互联网、微博、记者外拍回传、App上传的视频、图片等素材。因此，系统要对各种类型的资源提供多方位的管理功能。

①支持多类型全格式。如支持视频、音频、图片、文档、网页稿件等；支持4K/8K超高清文件，伽马曲线、色域值、动态范围等特征值自动提取展现。

②资源展现多样化。每一类型资源都针对性地提供最适合的展现方式，方便用户针对性使用。

③面向生产的分权分域精细化管控。提供个人域，满足用户对个人暂存空间的临时性需求；提供群组域，满足栏目间的人员、资源的隔离与共享的需求；提供公共域，满足面向整个媒体组织用户开放的资源共享交换需求。提供目录化、分类、选题等多种方式管理资源，直接对接新闻指挥调度、稿件生产业务场景。不同的资源域可独立管理分配存储空间，并支持隔离与共享，满足融媒体生产业务的个性化需要。支持对资源的精细化访问控制，如浏览、新建、编辑、检索、下载、删除等。

④按业务特点管理资源生命周期。不同类型、不同管理域的资源其生命周期不同。

⑤完善记录资源行为轨迹。这种行为轨迹包括新建、编目、浏览、检索、下载、分发、归档、回迁、删除等所有的过程操作。

⑥具备资源行为大数据分析与挖掘的能力。即根据资源生命周期的数据沉淀化积累的业务运行大数据，可以根据业务管理需要进行建模分析。

三、对媒体资产管理系统的需求分析

以上分析给出了问题域和在富媒体组织环境中对数字资产管理系统的大多数需求的总览。这样的数字资产管理系统必须能够管理全部数字媒体格式，并能容易地访问编码数据。在已建立了数字资产管理系统的组织内，数字资产管理系统也必须能同时处理传统的录像带和数据流磁带，并能轻易地实现从视频格式到文件格式的转换。数字资产管理系统还必须在 IT 行业与广播电视行业之间提供接口。服务器的配置要求能实现自动存储和支持检索。

对描述性数据（元数据）的管理是一个关键的方面，因为它提供了在系统中查找内容和开发内容的方法。数字资产管理系统的主要目标之一是允许内容的重用和商业开发。这也意味着应用程序和用户界面必须适合专业人员操作系统的特殊要求。尽管数字资产管理系统是一个平台，它的任务和功能在于对资产内容的管理，但用户界面仍然是最显眼的部分，因此，该界面对于系统的成功至关重要。

当数字资产管理系统能以商业的途径有效地解决问题时，它就能对投资提供积极的回报。这意味着该系统必须支持媒体组织内主要的业务过程和工作流，它必须能灵活地适应新的工作流。将数字资产管理系统引入一个组织会改变它原有的业务过程和工作流，许多与数字资产内容相关的业务过程都要考虑计划、获取、注释、查询、检索、收集、传输、编辑、正式批准和传递等过程。数字资产管理系统可以通过添加业务过程对象的相关元数据和提供对现有内容对象的便利访问方式来支持这些过程。

数字资产管理系统是一个包含极大数量复杂模块的大型系统，仅靠这样一个系统本身却并不能解决所有问题，但是将它与其他应用程序和系统连接后就能做到。这样的应用程序和系统的例子有数据库和信息系统、制作系统、新闻工作室系统、自动化系统、记录和显示系统、媒体 ERP 系统和版权管理系统等；因此，数字资产管理系统必须提供与这些系统接口的方式，允许跨平台搜索、检索、采集和传送，包括元数据和素材的交换，并且提供信息和事件处理能力，使媒体业务的工作流能跨越系统界限并实现无缝连接[1]。因此，只有使媒体组织能有效地实现其业务过程的整体解决方案才是一个和谐一致的系统，在这个大系统中，数字资产管理系统发挥着重要的作用。

随着智能媒体技术的发展，出现了智能媒资的概念并已进入实际应用阶段。所谓智能媒资，是基于人工智能技术，构建全媒体数字资产统一管理体系，全面系统提升数字资产管理各环节的生产效率，挖掘数据资产价值。在数字资产高效管理方面，应用智能识别、知识图谱等技术，可以快速实现语音、人物、字幕、地标、摘要等多维度信息输出，形成丰富的内容标签体系，便于用户进行数字资产管理；在检索方面，应用视频 DNA 等智能技术，可以实现以图搜图、以图搜视频、以视频搜视频等精准搜索；在二次创作方面，

---

① SHIVAKUMAR S K. Enterprise content and search management for building digital platforms[M]. Los Alamitos：Wiley–IEEE Computer Society Press，2016.

应用自然语言处理等 AI 技术，可以实现人物、事件、地点等标签信息自动聚合与关联，便于编辑查找和使用历史素材，进行二次创作和传播；在智能推荐方面，依托用户检索行为数据、数字资产标签数据等，通过建立智能推荐算法模型，可以为用户主动推荐其偏好内容及关联内容，助力实现精准化运营。

基于数字资产管理的电视台流程整合与核心业务过程[*]

一、引言

电视台媒体内容资产（如节目、素材等）制作速度的大幅提升产生了大量积压闲置的资产，如何处置、优化该类资产成为目前处于新经济时期的国内外电视产业发展的重要问题。尽管近年来国内一些电视台和 IT 公司合作，为保存和利用通过知识和智力创造的媒体内容资产（传统上是保存在磁带上），从技术角度提出了一些数字化这些资产、存储及管理的解决方案，并建立了相应的系统，但上述的方案和系统还不能面向社会提供海量内容服务。就电视台内部而言，数字媒体资产管理系统与电视台其他应用系统之间的整合及业务流程重组还不理想，影响了其效力的发挥，也制约了媒体资源的充分利用。

数字媒体资产管理（Digital Media Asset Management，DMAM）是指运用先进的技术手段、科学的理论和方法，对数字化的媒体资产进行计划、组织、存储、控制和开发利用，其目的是统筹资产的利用效率，使之价值最大化。DMAM 在构成、特点、需求等方面与常规产业的资产管理有很大区别，因其特殊性而形成一个特定的业务领域。但当前国内的 DMAM 还停留在技术系统

---

[*] 本文原载于《现代电视技术》2008 年第 5 期，收入本书时有改动。

的建立和完善方面，缺乏管理层面深入的理论与方法研究，如缺少对电视台业务流程整合和核心业务过程等的分析研究，因此所建立的 DMAM 系统还没有带来管理效益和经济效益的明显提高。本文针对我国电视台 DMAM 当前的有关问题，在分析电视台信息化和数字化发展过程的基础上，重点提出了基于 DMAM 的电视台业务流程整合以及电视台的核心业务过程模型。

二、电视台信息化和数字化发展过程分析

在当今媒体崇尚"内容为王"的时代，节目和素材已经成为电视台越来越重要的战略资源，这种资源被充分挖掘时，必将成为电视台一笔非常庞大和宝贵的资产。随着科学技术的进步，人们意识到传统的模拟磁带保存方式对宝贵媒体素材价值的发挥产生了负面影响，因此对数字化存储的要求更为迫切。电视台的数字资产属于无形资产，它们大都是脑力创造的成果，即数字媒体资产 ＝ 节目内容（或素材）＋ 版权。这些数字化的节目内容和素材具有占用存储空间小、检索方便、利用效率高等特点，不仅可以在电视台内部重复使用，而且在版权规则的控制下，可以在经济全球化的大市场流通，且它们被重复利用的次数越多，流通的频率越高，其所创造的价值也就越大。

1991 年，美国麻省理工学院的 William J. Baumol 等人提出了企业信息化演变的 MIT 模型，认为企业投资信息技术的潜在收益水平将随着企业信息化发展阶段的不同而不同[①]。根据 MIT 模型进行重新定义，图 1 给出了电视台信息化和数字化的发展过程模型，可分为 5 个发展阶段。

第一阶段，信息技术单独应用于电视媒体的不同部门，如电视媒体的电视节目后期制作系统、传统磁带库管理系统和计算机财务管理系统等各自是相互独立的。

第二阶段，电视媒体在应用信息技术方面逐渐成熟，其技术专家开始把局部应用阶段形成的"自动化孤岛"联结起来。例如，将电视新闻的后期制

---

① 傅湘玲．企业信息化集成管理：理论与案例［M］．北京：北京邮电大学出版社，2006.

作系统与播出系统联成网络，将后期制作好的节目通过网络传送到播出系统，在指定的时间直接播出。

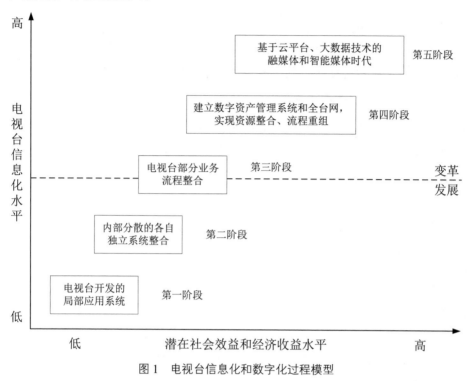

图 1　电视台信息化和数字化过程模型

第三阶段主要是采用信息技术转变电视媒体内部的工作方式，进行部分业务流程整合。例如，对电视媒体一些部门的手工业务处理流程进行改造或调整，以适合计算机信息处理的特点与网络化工作方式的要求，而不是简单地模拟手工业务处理规程。

第四阶段就是建立数字资产管理系统，通过全台网实现电视媒体内容资产（节目、素材等）的数字化和网络化管理，该阶段要重新考虑电视媒体内部的流程改造，实现整体业务流程重组，同时可以引进媒体 ERP、CRM 等一系列管理理念与技术，提高电视媒体资源的利用效率和价值创造能力。

第五阶段，通过实施基于云平台的全台融媒体网络系统及智能数字资产管理，重新定义电视媒体的节目生产和播出业务范围，并拓展诸如视频网站、短视频等业务领域，为融媒体内容产业的发展提供更多更好的节目产品和服务，进一步扩大市场的盈利空间。

上述第一、第二阶段属于自然进化阶段，它们往往在引入信息技术一段时间后就会自然地出现。在这两个阶段虽然能获得一定效益，但电视媒体并不能充分发挥其信息技术的效力。第三、第四、第五阶段则具有变革性的特点，它们不是在现有秩序基础上应用信息技术，而是从改造流程本身出发，然后再寻找支持新工作方式的信息技术能力。通过第三、第四、第五阶段的逐步整合，特别是引入基于云平台的带有智能化的数字资产管理系统，将逐渐对电视媒体的整体活动产生效应，从而实现管理和运营效率的提高、业务范围的拓展及获利能力的增强。

三、基于 DMAM 的电视台业务流程整合

根据迈克尔·哈默（Michael Hammer）的定义，业务流程指的是把一个或多个输入转化为对顾客有价值的输出活动[1]；另一位最早关注业务流程重组的专家托马斯·达文波特（Thomas Davenport）则认为，业务流程是一系列结构化的可测量的活动集合，并为特定的市场或特定的顾客产生特定的输出[2]。

就电视台的管理来说，其业务流程指的是为达到期望的管理或业务目标，在一定的输入资源约束条件下，通过明确的组织人员执行，产生特定的输出结果的一系列管理或电视业务活动的集合。DMAM 系统将极大地改变电视台的工作流程，使电视台的工作流程从以生产和操作为中心的环境向着以数字资产为中心的环境转换。DMAM 系统使得记者、编辑、导演等在节目制作的过程中能够直接访问共享的数字资产库，即时获得所需的节目素材和其他信息，有利于电视节目的创新和开发，从而极大地提高节目的生产效率，降低节目的制作成本和制作周期，进一步提高了电视台的节目产品生产力和创造力。

---

① HAMMER M. Reengineering work：don't automate，obliterate［J］. Harvard bussiness review，1990，68（4）：104-112.

② DAVENPORT T H，SORT J E. The new industrial engineering：information technology and business process redesign［J］. Sloan management review，1990，31（4）：11-27.

对于电视台数字资产本身来说，有一个从产生到逐步转化为历史资料的过程，这一过程大致可分为三个基本阶段：创建阶段，管理阶段，发布/应用阶段。DMAM 系统业务流程是针对数字资产的整个生命周期进行管理的，在它的不同子进程中，根据子进程的不同任务划分来对数字资产进行相应的管理、处理，并产生不同的产品。需要特别关注的是，通过对数字资产的重复利用、扩展应用等方式，尽可能地延长应用期的时间、加深应用的层次、提高数字资产在电视媒体内多部门间重复使用的频度，以此最大限度地发挥数字资产的价值[①]。

电视台实现 DMAM 的根本目标是优化业务流程，提高电视节目生产制作的质量和效率，提高数字资产的利用率。从业务流程整合的角度来看，实现各系统间的互联互通、资源共享是电视台整体系统建设和发展的关键。

电视台的流程整合是指将其系统的核心部分与其他要素有机地联结在一起，使之成为一个统一整体的过程。从管理的角度来说，流程整合是一种创造性的融合过程，只有当构成系统的要素经过主动地优化、选择和搭配，相互之间以最合理的结构形式结合在一起，形成一个由适宜要素组成的、优势互补的有机整体，才能被称为整合。流程整合是含有人的创造性思维在内的动态过程，它能够成倍地提升电视台的整体效果，有利于优胜劣汰，有助于实现动态平衡。在流程整合过程中，重点是要实现整个电视台的生产业务流程、生产管理流程和经营管理流程的整体优化和流程的通畅。电视台通过对其流程的有效整合，必将对其经营管理和整体发展产生革命性的影响，从而获得对信息技术投资的巨大收益。

基于 DMAM 的电视台流程整合，本文认为重点应该从以下三个层次进行整合。

（1）资产整合：基于 IT 业界领先的集成技术，实现整个电视台不同部门之间的各种数字媒体资产的快速整合，并实现跨库检索和各类数字媒体资产

---

① KEITH K. Content service management：turning digital assets into commercial services [J]. Journal of digital asset management，2005，1（6）：412-419.

的深度挖掘利用。

（2）业务整合：从数字媒体资产的采集、节目制作、内容管理到发布和营销，实现在电视台内部、电视台之间的业务整合。

（3）人员整合：数字媒体资产的开发要由积极主动、富有经验和创新思想、熟悉电视媒体的从业人员组成，通过不同部门的人员整合，可最大限度地利用数字媒体资产创造价值。

通过上述基于 DMAM 的流程整合过程，避免了电视台各部门面对一个个"资源孤岛"，由此提升了电视台的整体效能和竞争优势。DMAM 的最终目的是支持电视台战略目标的实现。由于电视台在不同的时空环境下目标的变化与调整，基于 DMAM 的流程整合是一个动态的过程，电视台根据其目标的调整、优化整合的资源对象（整合内容）和整合模式，使得各种资源对象能够有机融合，通过整合的功能倍增提升数字资产的整体效能。

四、基于 DMAM 的电视台核心业务过程

电视台的业务过程是以电视节目的生产为核心过程的。电视台早期的传统业务过程是基于磁带库管理的，在节目生产的多个环节表现出的主要问题有：存储占用空间大、节目检索效率低、节目质量难以保证、节目生产成本较高、音像资源分散等。

建立 DMAM 系统，可以克服传统的磁带库管理所带来的诸多问题，为电视台内部之间及内部与外部之间的业务服务建立一个理想的平台。但该平台不应仅停留于技术上的先进性，电视台还必须重新设计其核心业务过程，以此发挥其技术和资源优势，创造新的价值增长点。

在借鉴 Martin Curley 等人提出的 IT 业务模型[①]的基础上，结合电视媒体和数字资产管理的特点，本文提出了如图 2 所示的基于 DMAM 的新型电视台

---

① CURLEY M. Managing information technology for business value：practical strategies for IT and business managers［M］. Santa Clara：Intel Corporation，Intel Press Business Unit，2004.

业务过程模型。该业务过程模型提供直接支持商业过程、内部用户和外部客户、节目和素材供应商的产品和服务。在创造商业价值时，数字媒体资产的利用发生在电视台的主要业务过程中。

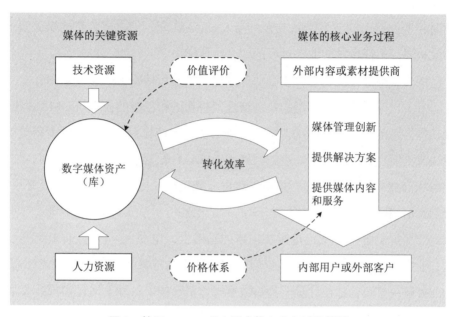

图2　基于DMAM的电视台核心业务过程模型

　　在图2所示的业务过程模型中，左半部分是电视台的关键资源，其核心是电视台的数字媒体资产，此外还需要有人力资源和技术资源的支持来实现数字资产的管理。数字媒体资产是电视台通过核心业务过程创造价值的关键要素，它是电视台中有价值的数字资源，包含各类节目、素材、文稿、数据和信息等的集合。随着DMAM的成熟和进一步发展，隐性资产和非结构化商业过程会系统化、结构化和固化到电视台的业务过程中。该部分的人力资源由积极主动、富有经验的电视媒体从业人员组成，他们可以通过DMAM系统维护基础设施及提供面向受众和面向市场的节目产品开发解决方案，充分利用海量的数字媒体资产创造商业机会。而技术资源是一套可分享的技术平台和海量媒体资产数据库，它可以实现DMAM系统和电视台业务应用的整合，并建立节省成本的开发和应用模式。

如图 2 的右半部分及中间的转换箭头所示，电视台的核心业务过程是生产节目产品并提供对内和对外的服务。该过程主要利用电视台内部的数字媒体资产，并利用外部节目或素材供应商提供的相关资源，通过电视媒体创新、提供解决方案、提供节目内容和服务等，来满足内部用户和外部客户的需求，同时将所创造出的节目产品或素材存入 DMAM 库，使之成为新的媒体资产，如此构成了电视台核心业务过程的闭合价值链体系。

图 2 右半部分的电视台核心业务过程，主要包括如下几个关键环节。

（1）电视媒体创新，指的是创造性地将新的和已有的技术与 DMAM 相结合，提供新的电视业务解决方案，实现增值或者使已有的业务功能变得更好、更快或更便宜。创新包括知道如何利用 DMAM 来创造新的节目或栏目，加强业务和商业职能，巩固客户关系，改进业务流程。电视媒体的创新者必须确保创新活动同电视台的战略性业务宗旨是一致的。

（2）提供解决方案，是指在创新的基础上，电视台可以通过内部节目开发、业务外包，特别是使用数字媒体资产整合的形式来提供电视台或频道新的业务解决方案，如设计基于海量数字媒体资产的节目开发模式和营销策略。

（3）提供节目内容和服务，是指在解决方案的基础上，通过实施方案来为电视台提供需要的节目内容和服务支持。该活动包括由 DMAM 系统提供资料库中的节目、素材及查询检索服务，依据基于 DMAM 的解决方案快速开发和制作量大质高的新节目。其主要目标就是以经济高效的方式为电视台的各项业务提供所需的服务，同时可以对外提供节目和素材服务，并获得相应的经济收益。

从电视台的全局利益来看，必须建立围绕数字资产统一管理与协调的整体机制。这种机制不仅需要协调与管理内部与内部之间的关系，也需要协调与管理内部和外部之间的关系，以实现对内节目编辑生产和对外节目及素材产品流通两个渠道的管理流程。上述重构基于 DMAM 的电视台核心业务过程，其目的是大幅度地提高电视台的管理绩效。而电视台的管理绩效主要是通过其创造的价值衡量的，主要指标有：电视台运营的卓越性，构思、开发节目产品的创新性，节目产品的生产能力，有价值的节目产品的交付速度，满足业务需求和市场需要的节目产品质量，调整的灵活性，等等。DMAM 的内容应该对应播出与发布的需求，必须按照受众市场的需要来调整生产，以达到数字媒体资产价值的直接增值。倘若在上述过程中促使 DMAM 的"内容库"向"商品库"转化，并参与对网络、市场、客户的发布与销售的服务管理后，节目内容资产就可以通过加速流通而获得较高的商品价值与附加值，从而能够有效避免不良资产的沉淀，进而推动电视内容产业的快速发展。

五、总结

数字媒体资产是为电视台提供内容服务的基石。在电视台信息化和数字化的基础上进行业务流程整合，不仅能提高电视节目生产制作的质量和效率，还可以满足电视台的整体业务发展要求，有利于提升电视台的核心竞争优势。

建立 DMAM 系统，能为电视台内部之间及内部与外部之间的业务服务建立一个理想的平台，但电视台必须重新设计其核心业务过程，构建基于 DMAM 的新型业务过程模型。该业务过程模型的核心业务是充分利用数字媒体资产，通过电视媒体的节目创新、提供解决方案、提供节目内容和服务等来实现电视台业务过程的闭合价值链体系，以此实现节目内容的创造和数字资产价值的增值。

电视台通过 DMAM 系统和相关要素进行整合，并重构基于 DMAM 的核心业务过程，将大大提高电视节目的生产质量和数量，更好地开展对内和对外服务，并以此来实现通过节目内容创造社会效益和经济效益的目标。

基于数字资产管理的电视媒体业务流程分析与重组[*]

数字媒体资产管理是国内外一个较新的发展领域，它运用先进的技术手段、科学的理论和方法，对数字化的媒体资产进行计划、组织、存储、控制和开发利用，其目的是统筹资产的利用效率，使之价值最大化。数字媒体资产管理在构成、特点、需求等方面与常规产业的资产管理有很大区别，因其特殊性而形成一个特定的业务领域。当前，国内数字媒体资产管理主要还停留在技术系统的建立和完善方面，缺乏管理层面必要的理论与方法研究，如缺少对电视媒体新的管理体系结构和流程重组等的分析研究，因此所建立的数字资产管理系统还没有带来管理效益和经济效益的明显提高。本文针对我国媒体资产管理方面的有关问题，重点分析了电视媒体数字资产管理的业务流程体系结构，探讨了基于数字资产管理的电视媒体业务流程重组问题。

一、基于数字资产管理的电视媒体业务流程体系结构分析

就媒体组织的管理来说，其业务流程指的是为达到期望的管理或业务目标，在一定的输入资源约束条件下，通过明确的组织人员执行，产生特定的输出结果的一系列管理或媒体业务活动的集合。数字资产管理系统将极大地改变媒体组织的工作流程，使媒体组织的工作流程从以生产和操作为中心的

---

[*] 本文原载于《广播与电视技术》2008 年第 8 期，收入本书时有改动。

环境向着以数字资产为中心的环境转换①。数字资产管理系统使得记者、编辑、导演等在节目制作的过程中能够直接访问共享的数字资产库，即时获得所需的节目素材和其他信息，有利于对新的、更有特色的节目的开发，从而能极大地提高节目的生产效率，降低节目的制作成本，缩短节目的制作周期，进一步提高电视媒体的生产力和创造力。

对于电视媒体数字资产本身来说，有一个从产生到逐步转化为历史资料的过程，这一过程大致可分为三个基本阶段：创建阶段，管理阶段，发布/应用阶段。数字资产管理系统业务流程是针对数字资产的整个生命周期进行管理的，在它的不同子进程中，根据子进程的不同任务划分来对数字资产进行相应的管理、处理，并产生不同的产品。需要特别关注的是，通过对数字资产的重复利用、扩展应用等方式，尽可能地延长应用期的时间、加深应用的层次、提高数字资产在组织内多系统间重复使用的频度，以此最大限度地发挥数字资产的价值。

开始人们对数字资产管理系统的期望就是使之成为未来多媒体内容数字化、无磁带生产、管理以及发布的平台。实际的数字资产管理应该是高度自动化的，只要可能都使用计算机化的分析、存档、处理以及管理工具；同时，系统应该具有通用性和普遍性，在只有少数或没有人工干预的情况下，对内容对象的所有元素（也就是素材与元数据）能方便地实现跨组织机构的交换②。此外，系统应该是规模可调的，可以用于各种格式和不同的媒体。这就意味着一定要可以使用相同的（至少是兼容的）技术，既可以管理相对较少数量的视听、低带宽、低码率的对象，也可以管理海量的媒体资料（包括各种清晰度和多样化的媒体，它们还可能是存储于多个不同的载体上的）。这些内容对象可能是音频、视频、图像，也可能是网页、文档及商业资料，等等。另外，数字资产管理系统应该足够灵活地来支持与适应各种不同的应用状况

---

① ANDREAS M，PETER T. Professional content management systems：handling digital media assets［M］. Hoboken：John Wiley & Sons，2004.

② 宋培义. 媒体资产管理系统在电视节目生产中的应用分析［J］. 现代电视技术，2007（11）：130–133.

和工作流。

基于数字资产管理的电视媒体业务流程体系结构①，如图1所示。在该体系结构中，数字媒体资产管理系统（包括数字资产库）是电视媒体的核心构件；它与电视媒体的管理系统（如审片部门、播出部门等）和各部门的业务系统（如新闻频道、体育频道等）紧密相连；同时还通过引入外来素材进行节目的加工制作，并对外提供资源共享、网络播放、基于电子商务的节目交易等服务。由此，这些环节共同构成了节目制作、播出、权益管理、节目经营与组织结构的基础。

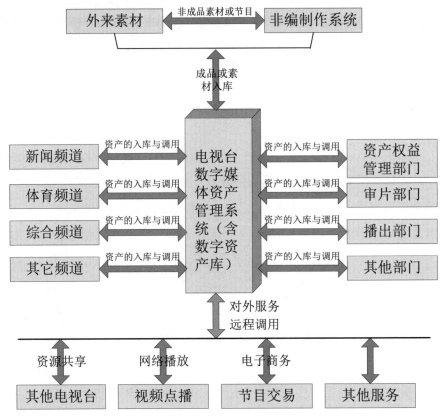

图1 基于数字资产管理的业务流程体系结构

① 宋培义，张仲义.电视台数字媒体资产管理探析［J］.北京交通大学学报（社会科学版），2007（4）：69-73.

在图 1 的体系结构中，从基础层面分析，必须解决好存储管理、多媒体资料检索和访问协议这些关键要素。

（1）实施有效的数字对象存储管理，实现分层次存储（包括在线存储、近线存储和离线存储）及分布式扩展功能等。

（2）对数字媒体资产库建立关于数字对象的元数据管理以及多渠道检索访问。

（3）建立统一的应用访问协议，保证一致性、完整性，并与不同的应用环境整合。

上述三个要素主要是解决数字资产的有效存储和高效利用问题，除了要支持海量多媒体数据的存储之外，还要具备高效的访问和检索功能，包括选择合适的存储策略、存储设备、访问协议等。

从整合的角度考虑，对该体系结构有三个层次的内容需要整合。

（1）资产整合：通过基于 IT 业界领先的集成技术，实现各个部门间甚至是电视媒体间的各种不同媒体资产的快速整合，实现跨媒体资产库的检索，并实现各类数字资产的挖掘和利用。

（2）业务整合：从数字资产的采集、节目制作、管理到发布，实现在电视媒体内部、电视媒体之间的业务流程整合。

（3）人员整合：数字媒体资产的开发要由积极主动、富有经验和创新思想、熟悉电视媒体业务的从业人员组成，通过整合不同部门的人员，可最大限度地利用数字媒体资产创造价值。

除了在基础层面的技术支持和整合层面的集成管理外，本结构在战略方面也能满足电视媒体的未来业务发展和经营管理活动。因为电视媒体的战略目标是提升其核心竞争力，而核心竞争力的关键在于其节目内容。图 1 的体系结构表明，电视媒体能有效地管理其内容资产，充分挖掘已有的素材并利用外部素材来支持节目的创新生产和内容服务，避免了电视媒体各部门面对一个个"资源孤岛"，从而可以给不同部门的员工、用户、合作伙伴及受众群体提供大量的优质内容支持，以此保持电视媒体的竞争优势。

电视媒体实现数字资产管理的根本目标是优化业务流程，提高电视节目

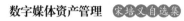

生产制作的质量和效率，提高数字资产的利用率。从整合的角度来看，实现系统间的互联互通、资源共享是电视媒体系统建设和发展的关键和基础。在整合过程中，重点是要实现整个组织的生产业务流程、生产管理流程和经营管理流程的整体优化及流程的通畅。

二、建立数字媒体资产管理系统要解决的一些关键问题

目前我国电视媒体的数字资产管理系统与其业务流程整合还不理想，缺乏有效的商业运行模式。引入数字媒体资产管理系统，必须解决好以下几个方面的问题。

（1）更好地解决数字资产的内容和技术在媒体组织内部不集中、工作流不连续且处于半自动的处理过程，以此来改进媒体的运营效率和减少成本。

（2）解决好数字资产的版权管理体系，例如采用新的技术和方法使版权管理能更快更有效地发挥作用。

（3）解决如何通过合并、整合、采用新的 IT 设备和业务过程来增强数字资产管理的有效性，使媒体组织下一级部门的 IT 设备和业务过程能够快速地融入上一层的主流系统。

（4）解决如何通过新的商业模式来应对正在出现的融媒体渠道，并进行战略规划，例如如何提供视频点播、宽带访问、移动流媒体、短视频等业务来满足新老用户的需求。目的是使这些新的商业机会和模式能安全而快速地融入电视媒体的实践。

（5）解决如何在不同的电视媒体之间进行有效管理、重新设计和实现价值集成，例如在市场分析、广告、版权管理、创造性的服务、制作、销售和发行等方面如何更好地集成，从而减少电视媒体来自竞争、创新和降低成本等方面的压力。

电视媒体建立数字资产管理系统，就是要以更好的商业模式解决好上述问题，这样它才能对投资产生积极的回报。因此，数字资产管理系统必须支持电视媒体内主要的业务过程和工作流，并能灵活地适应新的工作流程，从

而使整个系统获得更好的效率、更优质的服务、更低廉的成本以及更强的敏捷性与适应性，进而创造更好的商业价值①。

事实上，电视媒体仅靠数字资产管理系统本身并不能解决所有问题，但是将它与其他的应用程序和系统连接后就能做到，例如将它与数据库和信息系统、制作系统、新闻工作室系统、自动化系统、记录和显示系统、媒体资源计划系统和版权管理系统等连接。因此，数字资产管理系统必须提供与这些系统接口的方式，允许跨平台搜索、检索、采集和传送，包括元数据和素材的交换，并且提供消息和事件的处理能力，使电视媒体业务的工作流能跨越系统界限并实现无缝连接。因此，只有通过一个整体化的解决方案，才能形成一个和谐一致的系统，在这个大系统中，数字资产管理系统发挥着关键性的作用。

三、基于数字资产管理的电视媒体业务流程重组

图 2 构建了基于数字资产管理的电视媒体业务流程重组的四层结构，通过该结构的实现可以提高系统的整体运营效率、部门间的协作、业务的智能化、更大范围的增值传送服务、版权管理和数字资产内容的保护等②。基于数字资产管理的电视媒体业务流程重组各层的主要功能如下。

（1）数字资产管理存储层。这一层包括结构化的和非结构化的存储内容，是数字资产和数据驻留的核心部分。该数字内容存储库既可以是一种集中式的系统，也可以是一种分布式系统。该层的主要功能是支持内容的集成（使不同的内容源看似单一的存储库）和资料的长期存档。

（2）数字资产管理核心服务层。这一层构成了总体解决方案的基础，该层由摄取、元数据、搜索、转码、数字版权管理、数字认证等，以及面向外

① KOCHO K. Content service management：turning digital assets into commercial services［J］. Journal of digital asset management，2005，1（6）：412–419.

② ALTMAN E，GOYAL S，SAHU S. A digital media asset ecosystem for the global film industry［J］. Journal of digital asset management，2006，2（1）：6–16.

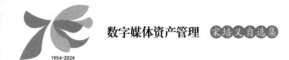

部开发的解决方案、第三方服务等综合功能构成。

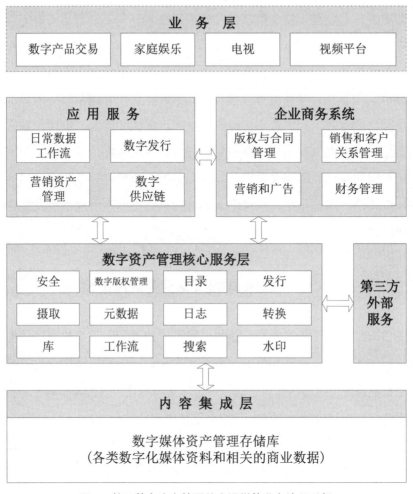

图 2　基于数字资产管理的电视媒体业务流程重组

（3）应用服务和企业商务系统层。该层是商业应用的核心，包括数据工作流、营销资产管理、数字发行等应用服务，以及财务管理、版权与合同管理、营销和客户关系管理等实际的商务系统，该层基于数字资产管理核心服务层以及来自其他企业商务系统提供的服务。

（4）业务层。基于创造价值的商业模式，为广阔的市场提供多样化的内容服务。例如，国内外的影视节目发行、数字产品交易、家庭娱乐，面向有线电视、短视频平台等的内容服务。

上述系统结构体现了媒体业务流程整合、重组的综合优势，具体表现为：

（1）通过再造流程改进了媒体组织的运营效率和协作关系，减少内部运营成本，提高 IT 基础设施的使用效率；

（2）增加了媒体组织的灵活性，可以实现买卖、出租、按阶段方式开发、基于商业优先权的开发等，具有基于服务的系统优势；加入新的商业服务（如移动、短视频发行）和技术（如数字版权的协作管理），能增强媒体组织的敏捷性。

（3）可以与其他媒体组织的系统进行集成和资源共享，不断增加数字内容的价值和适用性。

建立数字资产管理系统，不仅仅是为了简单地保存和管理各类节目和素材，更是为了在更大意义上发挥其战略性的作用。建立上述的生态系统，将 IT 技术与内容管理系统（包括工作流管理、存储管理、信息管理、客户关系管理、版权管理和供应链管理等）无缝地集成，将显现出数字资产管理的巨大作用，从而可以大幅度地提高媒体组织的价值链绩效，为内容产业的快速发展提供有力的支持。

基于价值驱动的数字媒体资产管理*

数字媒体资产指的是拥有知识产权的多媒体对象（或素材），如视频、音频、图像、文本、网页等。数字媒体资产管理的核心是资产的价值管理，集中于对资产价值的认识、保护和发展的动态管理，其实质是对资产的增值管理。价值驱动的数字资产管理是媒体组织为实现资产价值最大化的目标，以价值评价为基础，以提升价值为导向的综合性管理模式。这种管理模式是针对积累下来的数字资产，以其价值确定、增值为前提，以价值创新为目的，在其生命周期全过程通过管理和开发，以实现社会效益和经济效益的最大化。

一、数字媒体资产的管理过程

媒体组织的数字资产管理可以分为四个部分，即数字媒体资产的整合、创新、流动和开发利用。在资产利用的过程中，又可导致新资产的产生，所以该管理过程是一个不断循环的过程，如图1所示。成功推行数字媒体资产价值管理的关键因素包括：（1）将以价值为基础的管理与计划工作的各种因素密切结合；（2）确保掌握关键的内容和需求信息，以方便数字资产的管理和开发；（3）将绩效管理与价值创造挂钩，调动人的积极性。

---

* 本文原载于《中国广播电视学刊》2009年第12期，与王慧中合作，收入本书时有改动。

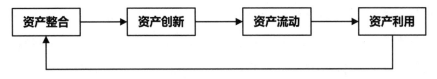

图 1　数字媒体资产的管理过程

成功的数字资产管理就是以资产的循环流通模式，提供媒体组织内部与外部并存的需求和服务，并以媒体内容库支持无形商品的交易中心来进一步加速资产的流动，以此获得更大的经济收益①。从媒体组织的全局利益来看，应该建立基于价值驱动的数字媒体资产统一管理与协调的机制。这种机制不仅需要协调与管理内部之间的关系，也需要协调与管理内部与外部之间的关系，以实现对内开展各种内容的整合及编辑生产、对外开展内容产品流通（销售）这两个渠道的管理流程，目的就是要大幅度地提高媒体组织的管理绩效。而管理绩效主要是通过媒体组织创造的价值衡量的，主要指标有：媒体运营的卓越性，构思和开发内容产品的创新性，内容产品的生产能力，有价值的内容产品的交付速度，满足业务需求和市场需要的内容产品质量，调整的灵活性，等等。数字媒体资产管理的内容必须按照受众市场的需要来调整生产，以达到数字资产价值的直接增值。

二、数字媒体资产的价值特性分析

（一）数字媒体资产的产权特性

媒体组织拥有版权的数字化视音频资料作为一种特殊的产品，能为其带来价值增值，本质上表现为资本的特征，属于无形资产类别，它的产权或者说版权，是知识产权的一种，它的价值也可以被理解为权益价值。数字媒体资产的产权特性表现为下列几个方面。

1.数字媒体资产主体的多元性。数字媒体资产的主体包括所有权主体和

---

① JORDAN J, ELLEN C. Business need, data and business intelligence [J]. Journal of digital asset management, 2009, 5（1）: 10-20.

使用权主体，在一定情况下，资产的所有权和使用权可以分离，两者的主体可以是不同的。同一个数字产品的使用权主体可以有多个，且互不影响，在需要的情况下，使用权可以多次转让。

2.数字媒体资产的可经营性。不同类型的内容（如节目、素材）市场化的程度不同，媒体组织可以根据实际情况，在保证其公共职能的前提下，可以通过多种方式为社会提供内容产品和服务以获取利润。

3.数字媒体资产收益的外部性。收益的外部性是指产权主体的个人收益与社会收益不相等的情况，依据作用效果，分为正外部性和负外部性。一般情况下，数字媒体资产的使用产生正的外部性，即内容产品的消费对他人或公共利益有溢出效应，这时，个人收益小于社会收益；数字媒体内容资产也可能产生负外部性，使其他经济或社会主体的利益受损。

4.数字媒体资产收益的长期性。收益的长期性是指数字媒体资产带来的收益，需要经过一段时间甚至是很长一段时间才能达到最大值，也就是说，在时间上有滞后的特点，并且收益是一个动态的变化值。只要对数字媒体资产经营得当，该类资产就能在其生命周期内带来持续的社会效益和经济利益。

（二）价值衡量的基本因素

数字媒体内容资产属于无形资产。无形资产一般不能单独以生产成本作为其价值衡量的主要依据[①]，原因如下。

1.成本基价具有模糊性，所耗费的脑力劳动及创意难以具体计算。

2.无形资产价值本身具有模糊性，它的价值和成本之间没有直接联系，无形资产一旦形成，其价值就独立于成本，不再受原始生产成本的限制，而主要是受社会、经济、科技、文化发展水平和预期收益等诸多因素影响，这些影响具有复杂性、可变性、难以量化性。

3.用成本角度来评价一般资产的价值，主要利用的是替代原则，而数字媒体资产的一大特点就是它有一部分资产是无法重置的，比如珍贵的历史资

---

① 郭子雪，潘保海.影响无形资产价值评价的因素［J］.经济论坛，2004（14）：139-140.

料，所以无法简单依据成本来衡量价值。

我们在衡量数字媒体资产的价值时，可以依据具体的内容产品考虑以下基本因素：

1. 社会价值，如内容产品的艺术性、创新性、社会影响力等；

2. 投入成本，包括内容制作的显性成本和隐性成本；

3. 可替代性，指市场可提供的类似内容产品的多少；

4. 价值成长性，如开发效益、价值链的可扩展性等；

5. 未来收益，包括广泛性、适用性、社会需求的稳定性等。

需要指出的是，在实际开展价值评估时，评估者需要针对不同的节目类型或影视剧产品制定不同的评价指标体系和评估方法。例如，我们在有关的科研工作中，通过实证研究确定了纪实类节目的六个核心评价指标，包括：稀缺性、主持人或解说员影响力、关键人物知名度、画质、节目制作成本、首播收视率，并通过与实际交易数据的回归分析确定了每一个指标的权重。

（三）数字媒体资产的效用性价值和稀缺性价值

效应性和稀缺性是商品产生价值的原因，效用是价值形成的必要条件，稀缺性是价值形成的充分条件，两者缺一不可。价值量取决于"边际效用"的大小，而边际效用的大小，在一定需求条件下，又是以商品的相对"稀缺性"为转移的。

1. 数字媒体资产的效用性价值

媒体组织通过向消费者提供内容产品或服务，实现了其内容产品的市场价值，并转化为媒体组织的收益。内容产品的效用价值指消费者对产品或服务的消费所得到的满足。马克思主义者认为，价值是主体和客体之间关系的表现，在这个关系中，客体的属性借助于它们满足主体的需要的能力估价，因而，价值在很大程度上由商品的各方面属性所提供给消费者的效用或满足所决定。按照新古典经济学理论，效用的测度是单个经济行为主体（可以是个人或者某个组织）从消费特定数量的经济物品中所获得的东西。例如，观看同一档电视节目，我们每个人从中获得的感受并不相同，因此效用价值不同。

2. 数字媒体资产的稀缺性价值

同物质资源相比，数据资源可以不受控制地迅速扩散。完全独享这些数字媒体资产所创造的所有价值并获得基于这种资产所开发节目的最大收益，其难度要比针对物质资源困难得多。数字内容产品，只有使它们变得可供专享，也就是在产权得到合理保护的条件下，才可能构成经济性物品特征的稀缺性。

稀缺性价值由市场的供需状况体现。如果供不应求，它的价值就会上升；如果供过于求，它的价值就会降低。随着新媒体技术的发展，社会对媒体内容的需求越来越大，而用于生产大量内容的经济资源是有限的，导致数字媒体资产的供给和需求处于非均衡状态。传播平台的增多，会使数字媒体资产的价值增大。

3. 效用性价值和稀缺性价值悖论

效用性和稀缺性是数字媒体资产价值产生的原因。但作为信息产品，使数字媒体资产的效用最大化，就会有损其稀缺性，而使其稀缺性程度最大化，反过来其效用就会降低。与有形资产不同，数字媒体资产可以依据需求被重复使用，可以与他人共享，且并不降低它对原占有者的效用，也就是在传播后，原组织仍然可以继续从中得到有用的价值。同时在传播过程中，不会因为渠道的扩大而产生消耗，而且被重复使用的次数越多，创造的效用也就越大。媒体作为影响力经济和注意力经济，传播规模越大经济效益就越显著，从整个社会的角度来说社会价值增大了。但从拥有数字资产的媒体组织来看，尽管通过这种广泛的传播可以获得更多的利润，却导致了需求的降低，分享的内容资产丧失了稀缺性，在外部社会效益最大化的同时，资产的增值潜力变低了。所以，数字媒体资产的价值悖论会给媒体组织对价值的确定和数字产品的定价带来一定的困难。

三、数字媒体资产的价值管理结构

有效管理和发掘内容资产，是媒体组织获得竞争优势的关键。[①] 随着个性化的市场需求和激烈的市场竞争，媒体组织已将内容资产作为其最重要的战略资源，因此迫切需要一种科学的方法来识别、区分并管理有价值的数字媒体资产。

由于价格的离散，对价值的描述不应是一个孤立的价值点，而应是一个围绕最可能价格的合理的价值范围。结合媒体行业和数字资产的特点，可以引入金融投资组合及品牌管理中的金字塔结构，实现对数字媒体资产价值的分层管理。图 2 所示的是数字媒体资产价值管理的金字塔结构，位于金字塔顶端的数字媒体资产价值最高，而底端的价值最低。根据"20/80 法则"，位于顶部 20% 的资产可以创造全部资产所能创造的 80% 的价值。同时，在金字塔结构不同层面中的资产价值也会随着时间的流逝而发生改变，因此，数字资产在金字塔中的相对位置也会发生变化。

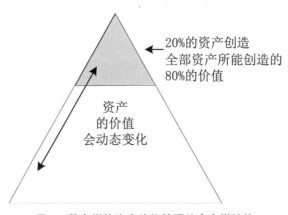

20%的资产创造全部资产所能创造的 80%的价值

资产的价值会动态变化

图 2　数字媒体资产价值管理的金字塔结构

金字塔结构的主要原则是为了降低总体投资风险，将投资回报率最低的资

① ARIS A，BUGHIN J. Managing media companies harnessing creative value ［M］. Hoboken：John Wiley & Sons，Ltd.，2005.

产，放在金字塔最下面一层；将投资回报率中等的，放在金字塔中间一层；将投资回报率最大的，放在金字塔的顶层。设计数字媒体资产价值管理的金字塔结构有助于充分挖掘数字资产的潜在价值、面向受众市场开发新型的盈利模式。

在网络和电子商务应用的环境下，媒体资产管理系统中的所有内容不可能都在同一时间提供，对要利用或开发销售的内容的挑选也是一个动态的过程。媒体组织在开发数字资产上，要有侧重点而非面面俱到，以市场的"20/80 法则"引导媒体开发的资金流。对那些长期不能出库的存量资产，采取资产积压沉淀策略，调度和调整库存数字资产的存储分配结构，转换为离线存储的低成本管理方式，而将优良的数字资产以在线或近线方式存储，以此来优化数字资产的管理方式，为资产开发的价值创造奠定基础。

四、数字内容产品的价格策略

基于海量的数字媒体资产，媒体组织可以挖掘其中有价值的素材，利用它们开发出各类内容产品，面向外部市场或客户提供相关产品和服务。因此，数字内容产品的价格策略将影响媒体组织的销售和盈利情况。

（一）价格的经济学分析

价格不同于价值，传统的经济学理论告诉我们，社会平均劳动决定价值，价格围绕价值上下波动，价值是制定价格的基础。产品定价是企业最重要的决策之一。一方面，价格的高低对需求具有重要影响；另一方面，在市场竞争中，企业的价格策略同其他竞争策略相比具有不可替代的作用；价格会影响销售量、市场占有率及获利性。[①] 只有将创造价值的活动与定价策略有机地结合起来，才能形成较强和持久的获利性。

数字内容产品定价的经济学基础同传统产品相比发生了巨大变化。经济学中对于一般商品的价格通常是通过边际成本分析的方法确定。微观经济学

---

① 多兰，西蒙.定价圣经［M］.董俊英，译.北京：中信出版社，2008.

理论阐述了企业从利润最大化目标出发给产品定价的方法，通过对厂商成本和产量、消费者效用和收入约束等条件的分析，得出厂商获得利润最大化的合理价格。在边际成本递增、边际效用递减的情况下，消费者获得效用最大化的一阶边际条件价格等于边际生产成本。然而，与传统经济学认为的边际效用递减规律不同，数字媒体资产具有可共享、可重复使用、可低成本复制、可创新发展等特点，从而能产生从边际效用递减到边际效用递增、从边际成本递增到边际成本递减的特性。

（二）价格策略分析

传统市场中的企业对产品基本价格的确定方法主要有成本导向定价、需求导向定价和竞争导向定价三种。根据这三种基本的定价导向，又产生了许多具体的定价方法，如成本加成定价、目标贡献定价、理解价值定价、需求差异定价等。此外，企业还可以运用灵活的定价技巧对其基本价格进行修改，这些定价技巧包括心理定价、组合定价、折扣定价等。

在网络经济和电子商务环境下，竞争环境和消费方式都发生了巨大的变化。数字内容产品价格的确定应以消费需求为前提、以成本费用为基础、以竞争价格为参照。正确的战略顺序起始点是买方效用，产品或服务要有令人信服的理由让大众去消费或购买。内容产品价格的制定具有很强的科学性和目的性，这首先表现在其定价目标上。定价目标一般与媒体组织的战略目标、市场定位和产品特性相关。价格的制定更主要是从市场整体来考虑的，它取决于需求方的需求强弱程度和价值接受程度，来自替代性产品的竞争压力程度；需求方接受价格的依据则是内容产品的效用价值和产品的稀缺程度，以及可替代品的机会成本。

定价能否吸引目标买方的大众群体也是人们需要考虑的关键问题，所以，实际的定价根据产品的种类不同，价格可普遍地低一些。也有些内容，根据它的性质，定价要高于价值，价格的最终确定有很大的政策、社会因素。我国的数字媒体资产市场还处于起步阶段的初始期，媒体组织需要采用相对低价的定价策略来打开市场，再追求利润，目的是收益最大化而不是价格最大化，通过以可支付的价格提供买方价值的飞跃来创造新的总需求。

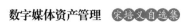

当海量数字内容产品或素材进入市场较长时间后，对大部分内容产品来说，只有少量顾客使用，平均个体产品需求比较低。首先，对于富有弹性的产品，价格上升，需求量下降的幅度大于价格上升的幅度，所以总收益减少；价格下降，需求量上升的幅度大于价格下降的幅度，所以总收益增加。例如，综艺类电视节目，原创一旦产生，其复制的边际成本很小，所以供给的价格弹性可以较大。其次，对那些价格缺乏弹性的产品，价格的高低对需求的影响不大，适宜定较高的价格。这种内容一般分为两种类型，一种是创意独特的新产品，另一种是极具稀缺性的珍贵资料。

五、总结

随着网络化、数字化和知识经济的发展，作为媒体组织，谁掌握了市场竞争中的核心内容资产，谁就将会走到传媒产业经济发展的前列。中国的媒体组织需要依托丰富的内容资产进行多元化经营，对其内容产品上下游市场进行整合与开发，并结合传统优势与内容创新，打造以数字资产价值增值为核心的运营模式，对媒体的产业价值链进行重新塑造。除传统的广告收入外，应加强版权销售、新媒体领域（如 IPTV、5G 手机、移动电视、数字付费电视）的内容开发与营销，促进媒体的盈利结构向更加合理和多元化的方向发展。

价值管理是数字媒体资产管理的核心。要最大化数字媒体资产的利润，实现可持续发展，就必须依照数字媒体资产的特性进行管理，首先要对内容资产的价值进行评估和测算，明确单位数字资产的价值大小，在此基础上，制定出数字媒体资产各类内容产品的价格体系，这样才能为媒体内容产业链的开发和销售提供依据。

目前，我国媒体行业尚缺乏针对数字资产的经济与社会特性的深入研究，还没有真正形成量化的、科学的数字媒体资产价值评价方法及数字内容产品的定价机制，这是由于定量的价值评价和准确的价格定价还存在诸多不确定因素。为了面向市场深入挖掘数字媒体资产这座"宝藏"，我们认为有必要加大力度做好这方面的基础研究工作。

提高媒体资产管理系统的投资回报分析[*]

一、引言

数字媒体资产管理系统对资金的投入需求较大，目前较大规模的电视台（如省级以上电视台）投资建设媒资系统，少则投入几百万元，多则投入几千万元甚至上亿元。但从目前已建成媒资系统的电视台的应用情况看，其投入与产出极不平衡，即投入远远大于近期或未来相当一段时间内可预期的经济收益。如何通过媒资系统在一定的时间内获取较好的经济效益以回补甚至超过投入成本，这就需要电视台进行认真的考虑和系统的规划。

媒资系统的经济效益包括直接经济效益和间接经济效益。直接经济效益指人员、时间、资金的节省，对媒体资产的充分利用（包括内容的合理开发和设备的协调使用）；间接经济效益指节目制作流程的改进、组织机构的改善、管理水平的提高等。尽管目前许多电视台已经建设了媒资系统，但是对媒资系统的作用尚缺乏完整的认识，也没有通过媒资系统带来额外的利润回报。

本文从投资回报的角度分析如何通过媒资系统产生经济效益的相关问题，并探索媒体内容资产多样化的开发与利用模式问题。

---

[*] 本文原载于《电视研究》2013 年第 3 期，与曹树花和黄昭文合作，收入本书时有改动。

二、媒资系统投资回报的影响因素

（一）与媒资系统投资回报率相关的指标

投资回报率（Return On Investment，ROI）指通过投资而应返回的价值，也就是企业从一项投资性商业活动中得到的经济回报；与投资回报率相关的指标有：年均复合增长率、成本评价系数、净现值、投资回收期和内部收益率[①]。

投资回报率也可以表示为：ROI＝年利润或年均利润／投资总额×100%。投资回报率往往具有时效性，即回报通常基于某些待定年份。本文考察媒资系统投资回报率的时间阶段定为：电视台自开始筹建媒资系统到回报考察日。文中用"考察期"表述。

1. 年均复合增长率CAGR

年均复合增长率（Compound Average Growth Rate，CAGR）是指一项投资在特定时期内的年度增长率，这里指考察期内电视台通过媒资系统获取收益的年度增长率。CAGR 的计算公式是：

$$\text{CAGR} = \left(\frac{R_1}{R_n}\right)^{\frac{1}{n-1}} - 1$$

其中，R_1 为媒资系统建成后第一年获取的收益；R_n 为考察期内第 n 年获取的收益；n 表示考察期。

CAGR 是从长远角度考虑媒资系统带给电视台的经济回报，排除了个别年份的特殊情况，如不能因为系统建设之初没有创造经济收益或收益很少就否定媒资系统的经济价值和潜力。CAGR > 0 表明年均收益是增长的。通过媒资系统获取收益 CAGR 值的范围目前还没有标准，各电视台可按实际情况评定。

---

① MORGAN J N. A roadmap of financial measures for IT project ROI [J]. Project management，2005，7（1）：52–57.

2. 成本评价系数 η_c

成本评价系数 η_c 由绩效评价系数派生出来。绩效评价系数是实际绩效评价与预期目标之间的关系，由于绩效的实际计算结果与预期目标因社会层次、历史阶段等各异，不好确定，故借用成本评价系数代替。成本评价系数可表示为：

$$\eta_c = \frac{C_o}{C_s}$$

其中，C_o 为考察期内电视台对媒资系统实际投入的总成本；C_s 为电视台在筹建或规划之初期望的投入成本。

投入成本应包括购买硬件和软件的固定成本，每年投入系统的可变成本。可变成本包括人员投入和系统维护等成本。

显然，如果 $\eta_c \geq 1$，表示考察期内，对媒资系统的总投入超出了预期规划。这时应具体分析超支原因，是由于系统建设过程中产生了浪费，还是由于建设目标有所提高而必须追加投资。

3. 净现值 NPV

净现值 NPV 是指在考察期内对系统的资金流入总量与流出总量的差额，也就是考察期内对媒资系统的实际投入和通过媒资系统得到的直接收益的差额。净现值用公式表示为：

$$NPV = C_0 - O$$

其中，C_o 为考察期内对媒资系统实际投入的总成本；O 为考察期内通过媒资系统得到的直接收益。

显然，如果 $NPV > 0$，表示考察期内，该电视台媒资系统的总成本大于收益，经济效益不佳；反之较为理想。

4. 投资回收期 P

投资回收期 P 是指回收项目投资所需要的时间，即从系统中获得的经济效益等于投资总额时需要花费的时间，以年为单位。投资回收期短，表明从媒资系统中获取的经济回报快。投资回收期可表示为：

$$P = \frac{C_0}{R_P}$$

其中，C_o 为考察期内电视台对媒资系统实际投入的总成本；R_p 为年资金回流量，其数额等于年收益加固定资产折旧提成，这里的年收益可以取考察期内的年均收益，即 $\sum_{i=1}^{n} R_i / n$，R_i 为考察期内第 i 年通过媒资系统获取的收益。

如果 $p < n$，说明到目前为止，通过媒资系统已收回成本；反之，说明尚未收回成本，每年通过系统获取经济效益的速度较慢。

5. 内部收益率 IRR

内部收益率 IRR 是指资金流入现值总额与资金流出现值总额相等时的折现率，也就是使净现值等于零时的折现率。折现率大，表明投入较少，获得收益较大。内部收益率大于电视台内部基准折现率时，表明考察期内经济收益较理想。计算内部收益率的好处是避免将经济效益的分析仅限于收益的绝对量上。

通过阶段性地对媒资系统进行以上几个指标的计算，可以了解系统实施和利用的进展程度、可能存在的问题及如何更好地获取 ROI。

（二）媒资系统投资回报率的影响因素

通过分析媒资系统的成本构成及可能带来的收益，可以得出与媒资系统投资回报相关的影响因素，主要有以下几个方面：

1. 购入媒资系统的各类硬件设备及相关软件的固定成本。

2. 电视台为数字化和维护媒资系统投入的人力资源等变动成本。变动成本还包括因技术进步导致某些设备更新换代的费用。

3. 电视台使用媒资系统直接获得的收益，包括降低成本和增加收入两部分。降低成本体现在数字化存储代替模拟磁带保存、提高节目生产效率、降低节目生产成本等方面；增加收入包括通过重播节目、使用素材制作新节目、开发衍生产品以及售卖节目的播映权或网络传播权等版权获得的收益等。

4. 电视台使用媒资系统间接获得的效益。电视台建设媒资系统使得内容资产便于科学管理和查找，且能实现台内网络化共享，提高全台工作效率，促进组织结构的完善和内部管理水平的提高。

除以上主要影响因素外，还要考虑一些间接与投资回报有关的因素，如项目规划之初期望的投入和收益、折现率、考察期等。

因此，提高媒资系统的投资回报，一方面要合理地控制固定成本和变动成本，另一方面则需要大幅度提高通过媒资系统获得经济收益的能力。

三、提高媒资系统投资回报的方法

媒体组织有效利用媒资系统能够带来社会和经济的双重效益，问题在于如何使媒资系统物尽其用。下文将从电视台的视角分析提高媒资系统投资回报的方法。

（一）重视对基础数据的收集和分析

对媒资系统的投入和产出情况进行阶段性的分析和比较，对于提高媒资系统的使用效率、增加收益具有重要的意义。具体实施时，一方面要加强对每个时期媒资系统的投入产出数据做详细的记录和整理，另一方面要重视对媒资系统所管理的内容资产的利用情况进行统计分析，以此获取媒资系统的一些基础性数据。

进行检索分析可以改进检索系统的性能及获取用户的有关数据，是提高媒资系统投资回报的一种有效方法[1]。检索分析的目的主要有三点：（1）对于质量指标不理想的检索系统，通过完善检索算法，提高检索系统的性能；（2）根据所记录的用户检索行为，为完善编目细则提供思路和方法，改善编目工作；（3）根据用户检索的关键词，可以确定其查询的素材或节目，以此了解节目或素材的用户需求情况，为研究并确定节目或素材的市场价值提供参考信息。

通过对检索对象的分析，我们可以依据相关数据判断出是什么人检索，

---

① HURST M. Search ROI's missing element：search analytics［J］. Journal of digital asset management, 2010, 6（6）: 327-331.

使用的关键词是什么，实际想要得到的节目或素材是什么，打算如何利用所检索的节目或素材。例如，检索分析系统可以根据某个关键词被使用的次数和频率，判断出某个节目或素材被使用的次数和频率，进而可以为评估该类节目或素材的市场价值提供依据。

当检索系统面向社会开放时，我们还可以对检索分析的对象进行市场细分，即不仅跟踪记录所有用户的检索行为，还可以对所有用户进行分类。市场细分的方式很多，可以根据使用次数分为首次检索用户和多次检索用户；可以根据媒体性质不同分为新媒体用户和传统媒体用户等。根据跟踪记录的不同用户的不同需求，可以采取多样化的营销策略，并提供个性化服务。

目前，国内的媒资检索系统还缺乏这样的分析功能，但可以在了解用户需求的基础上，由专业人员在检索系统内部开发一个分析模块，实现相应的功能，从而向用户、管理人员或市场开发人员提供检索分析的结果。当媒资系统通过网络面向用户开放时，还可以使用网络爬虫技术等进行相关的分析。

（二）多角度开发媒资系统中的节目和素材

媒资系统是媒体内容资产的存储平台，充分利用媒资系统，其实就是充分利用存储在系统中的节目或素材。媒体资产管理系统需要考虑的不仅是与资产内容的直接交互工作，还包括相关领域，如统计计算、权限管理等。为把内容转变为资产，需要建立一个安全的权益管理体系，只有明确了知识产权的使用范围，数字内容资产才能被开发和交易。电视台可通过多种开发模式挖掘内容资产的再利用价值。

1. 面向电视台内部的挖掘利用

目前，鉴于媒体内容资产的版权交易体系尚不够成熟，电视台拥有的内容大部分还只是供内部使用。充分运用海量内容资产不断挖掘其中的价值，建立有效的开发模式提高内容的多次使用效率，也能更好地满足自身对内容的需求和使用，如中央电视台的《旗帜》和北京卫视的《档案》等纪实类节目就是挖掘历史资料制作新节目的案例。这样既可以增加节目的深度、提升节目质量、增强节目的说服力与可信度，又能取得社会效益与收视率的双赢。

电视台在探索新的开发应用模式的同时，还可以通过制度规定来提高对已有节目或素材的使用率，减少新节目的制作成本。例如，可以规定如果本台资料库中已经存有高清版的可供使用的空画面，则有关栏目组不得再投资拍摄同类画面素材。

2. 面向外部内容需求者售卖内容资产

内容资产是媒体的核心资产。随着大数据时代的到来，电视台要转变仅为内容拥有者的角色，成为内容交易市场上的供应商，面向不同的内容需求者（如其他电视台、电台、付费频道、影视制作单位，以及手机电视、视频网站等新媒体）提供有偿内容服务。

除此之外，还可以进行节目或素材的二次开发，如根据新媒体的特点和需求将节目或素材整合，制作出新的内容，再将新的内容产品出售给新媒体运营商。对于有形产品来说，销售总额 ＝ 销售总量 × 商品单价。这个公式也适用于内容资产的销售。因此，可以通过以下三个方面来增加所出售内容产品的利润。

（1）吸引广泛的用户，增加内容销售数量

内容需求者通过媒资系统的检索子系统寻找需要的内容资料，电视台应通过检索分析功能来了解用户的检索目的、所查找的内容类型等，以此分析不同用户的不同需求，掌握市场动向，明确哪些是优良资产，哪些是不良资产，并制定精准的营销和价格策略。

另外，为了增加内容需求者对内容资产库的了解和购买需求，电视台应该开放媒资库内容资产的目录查询，并加大对所拥有内容资产的宣传和推广力度。具体实现方法是：电视台的内容资产经营部门建立一个供外部访问和浏览的平台，提供全球范围的任何用户通过本地的终端就可以浏览所拥有的数字媒体资产的详细目录。

（2）推进节目增值，提高单位内容价值

随着数字电视、手机电视等传播新渠道的出现，消费者对内容的需求日益多样化、碎片化。节目的生产模式也从传统上静态的、以成本为核心的线性生产链逐渐转化成以数字媒体资产为核心的动态的非线性生产模式，为数

字媒体资产的增值开发打下了基础。多种多样的开发营销模式将带动内容资产不断增值，意味着单位内容价值的提高。

有效地拆解和组合可以形成更大规模的内容产品开发平台，为提高单位内容价值创造了空间。拆解是将视音频媒体资料等非结构化数据拆解成基本的视频和音频剪辑、静止画面、图片等，甚至分割成更小的成分；将拆解后的素材进行合理的优化重组以产生新的具有价值的内容的过程就是组合。通过拆解并运用动态管理策略，可以为用户提供内容的碎片化服务；通过创新性地组合应用，可以实现节目的大规模再生产。

例如，BBC 在购买中央电视台的纪录片《故宫》后，经授权同意，将画面按不同的主题拆解，如将画面按"屋顶""门窗""房柱""庭院"等不同的主题拆解，并放在"艺术画廊"网页上销售，售价为每分钟 2000 英镑，经典画面为每分钟 2500 英镑。这种小到按帧拆解的内容开发及销售模式实现了节目内容的高效增值。此外，它还将节目中出现的所有与墙有关的画面重新组合，制作专门讲解故宫的墙的节目，即通过特定主题内容的拆解素材重新组合实现了新的价值。

考虑到数字媒体资产的这种拆解和组合特性，资产管理者需要评估各类资产的增值潜力并制订每个相对独立的数字内容可开发利用的生命周期商业计划，全面分析市场需求，与客户讨论相关主题，包括内容资产利用转让的时间范围和利用目标、可接受的资产类别等，根据市场需求进行综合性且能体现客户个性化特点的节目内容定制，针对不同的内容服务收取价格不等的费用。

（3）内容产品交易平台的实现

内容产品交易平台的建立是电视台对外销售节目或素材的前提，交易平台的运行效果将决定内容的拥有者通过平台获取经济收益的多少。拥有庞大而丰富内容资产的大型电视台，可以建立自己的交易平台，对外实现内容产品的销售；而中小电视台，由于其内容资产非常有限，可以选择和第三方交易平台（也可以是云内容服务商）合作，从而降低自建交易平台的成本。通过交易平台可以聚集更多的内容提供者，以此吸引更多的用户并实现规模经济。

数字媒体资产在面向新媒体市场进行开发并通过交易平台营销时，可以借鉴克里斯·安德森的长尾理论来指导实践。长尾理论把创造一个繁荣长尾市场的秘诀归结为：提供的内容产品足够多（具有海量内容）；找到需要的内容产品很容易（通过搜索工具）；任何产品都可以创造利润（只是需求量的大小不同）[①]。在当今这种个性化营销时代，通过交易平台可以吸引更多的内容提供者，增加网络外部性，以此吸引更多的内容需求者进入平台交易，从而使那些长期沉积的内容资产创造出比较高的市场份额。

3. 开发衍生产品

媒体内容的衍生产品一般包括音像产品、图书、文具、玩具、服装、食品等。例如，由电视剧一般可衍生出同名网络游戏、话剧、动画片、漫画书、电影、网络演艺、动漫人偶戏等诸多产品。在好莱坞，一部电影的收入一般只占该片总收入的较小部分，其余大部分收入为影片衍生出的各种产品赚得。好莱坞对内容产品的开发模式一般是：先制作电影并发行，再由电影形成光碟销售，然后将电影的播放权卖给收费电视，再利用公共电视体系播放获得广告费以及一系列其他的衍生产品。这种方法可以为我国电视台开发内容资产的衍生产品提供借鉴。

（三）电视台提高媒资系统投资回报的辅助工作

电视台内部资料版权归属不清的问题是制约内容交易的主要因素之一。由于版权不清，制作部门在使用资料时不可避免会涉及资料侵权问题，给节目制作带来影响。电视台应尽快展开内容资料的版权梳理工作，避免使用版权不清的内容。

对数字媒体资产进行管理除设备和技术的投入外，在人员方面也应加大投入的力度，以保证数字化进程的快速推进。为使媒资系统在电视媒体的各项业务中发挥应有的作用，电视台各部门的人员需要了解系统的各项功能，

---

① ANDERSON C. The long tail：why the future of business is selling less of more ［M］. New York：Hyperion，2006.

以便更好地利用系统中的内容资源为电视台的战略目标服务。因此，有必要对电视台内部各层次人员进行培训，包括决策层人员、中层管理者和一般员工。短期来看，这种培训虽然增加了电视台的经费投入，但是为更好地发挥媒资系统在电视台整体业务中的作用做了必要准备。需要强调的是，领导重视并加强业务培训和精细化管理，是提高媒资系统投资回报的根本。

四、总结

随着新媒体的不断发展，传统媒体越来越意识到充分利用已有内容资产的重要性，建设媒资系统已成为电视台发展的必由之路。即便如此，建设媒资系统也只是第一步，更重要的是通过媒资系统获取更多的利益回报。要获得好的系统投资回报，就要认真分析影响投资回报的主要因素，尽量降低或控制投入成本，同时重视对媒资库的内容检索和使用过程中基础数据的收集和分析，并多角度深度开发媒资系统中的节目和素材，为电视台内部的各栏目和外部的内容产业市场提供增值服务。

通过对如何提高媒资系统投资回报的分析，一方面能让已建设系统的电视台认识到自己在媒资系统上的成本投入，分析通过该系统可以获得的经济收益或潜在的收益，为下一步更好地利用媒资系统做好谋划；另一方面为尚未建设媒资系统的电视台揭示建设媒资系统的投入产出情况，衡量自己的能力，为未来建设和使用媒资系统做好前期准备和长远规划。

尽管本文以电视台的媒体资产管理系统为例进行了投资回报分析，但上述思路和分析方法也适合其他媒体建设的内容资产管理系统，如广播电台、报刊等媒体。

基于数字媒体资产开发的电视内容产业价值链构建[*]

一、引言

数字媒体内容资产是指媒体组织拥有和控制的、版权明晰的、以数字化形式存储的、具有经济价值的各类内容资源，包括视音频节目、素材、图片、文稿等，它们大多具有极高的历史和社会价值^①。数字媒体资产这一概念的产生与数字技术的发展密不可分，以电视媒体为例，历史上积累的大量的以不同格式存储的模拟磁带节目内容，经过媒体资产管理系统的采集和处理，可以转化为数字内容资产，并进行存储、编目、检索、传输和利用。目前，除传统的广播电视等媒体在内容制作过程中常需要以往的内容为素材或资料外，以互联网和移动电视为代表的新媒体对内容资源的需求极大。但从另一方面来说，虽然中国的各类电视台拥有庞大的内容资产，但它们几乎还没有面向市场进行开发利用，由此造成了这类内容资产价值的隐性流失。

当前，我国政府越来越重视内容产业的发展，并将其作为建设现代文化市场体系的主要内容之一。数字内容产业是指将图像、文字、影像、语音等内容，运用数字化高新技术手段进行整合运用的产品或服务。现今内容产业

---

* 本文原载于《电视研究》2011 年第 5 期，与王立秀合作，收入本书时有改动。

① 宋培义 . 数字媒体资产管理［M］. 北京：中国广播影视出版社，2009.

的发展与数字化内容是紧密联系在一起的，内容产业价值的一个重要方面是以数字化的内容为中心正在形成的一条新兴的产业链，这条产业链的源头是具有自主知识产权的内容创作和知识生产，包括文化、艺术、科技、教育、娱乐和游戏等，下游则是为了内容存储、传递、转换和服务的技术开发与软硬件研制生产。数字媒体资产正是这条产业链的源头所需要的具有知识产权的海量内容。

因此，研究并构建基于数字媒体资产的电视内容产业价值链具有重要的意义，它可以更好地使沉淀在媒体资料库的数字资产流通到各类媒体市场的客户服务和价值创造之中。各类媒体机构通过充分挖掘数字媒体资产的社会价值和经济价值，必将加快我国内容产业的发展步伐。

二、电视内容产业价值链的一般描述

早期的价值链管理思想是由美国的麦肯锡咨询公司提出来的，后由迈克尔·波特在《竞争优势》中加以补充完善。波特提出的价值链理论的核心是：在一个企业众多的"价值活动"中，并不是每一个环节都创造价值，企业所创造的价值，实际上来自企业价值链的某些特定的价值活动，这些真正创造价值的活动，就是企业价值链的"战略环节"[①]。随着电视产业内部分工不断向纵深发展和媒体内容资源管理的不断完善，电视产业内部不同类型的价值创造活动逐步由一个企业（或组织）为主导分散为多个企业（或组织）的活动，这些企业（或组织）之间构成上下游关系，共同创造价值[②]。而以某种特定的电视内容产品生产或服务为基础，所构成的相互关联、互为依存的上下游链条关系，即为电视内容产业价值链。研究电视内容产业价值链，首先需要明确电视内容产业市场链体系的构成。电视媒体系统在市场中要有效运行，就必须由电视内容产业的不同环节相互支撑形成一个完备、协调、统一的市场。

---

① 波特．竞争优势［M］．陈小悦，译．北京：华夏出版社，2001.
② 李岚．电视产业价值链理论与个案［M］．北京：社会科学文献出版社，2006.

电视内容产业的市场链体系大致可以分为上、中、下游三部分，上游包括节目生产要素市场和节目生产市场；中游包括节目流通市场、播出市场和传输市场；下游包括节目受众市场和节目经营开发市场①。在市场链体系中的各类市场之间存在着相互依存、相互制约、相互促进的关系。

明确了电视内容产业的市场链体系，我们来分析一下电视内容产业价值链的构成。电视内容产业价值链应该是由电视媒体市场上存在的各种不同的运作环节组成，一个完整的电视内容产业价值链主要包括内容供应商（也可以由电视台自己创意和生产内容产品）、内容运营商（包括电视频道运营、新媒体运营及其广告和受众反馈研究）、传输网络和播出平台、受众市场及衍生产品开发等环节，不同的环节上都有不同的企业（或机构）参与，发挥着不同的作用，并获得相应的利益，如图1所示。

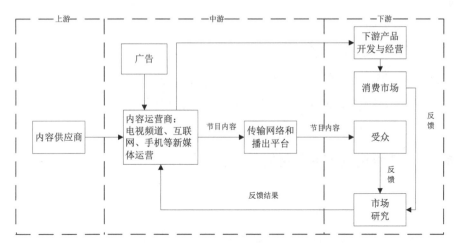

图1　电视内容产业价值链的基本模式

因此，电视内容产业价值链上连接了包括内容提供商、电视频道、新媒体平台（互联网、移动媒体等）、发行公司、广告公司、收视监测公司、市场调研公司和其他配套服务商等在内的多个媒体企业。电视内容产业链上各个环节的活动都直接影响整个产业的价值创造活动，而每个环节又包括众多从

① 李春梅，蒋宏.数字媒体时代的电视剧产业价值链重构［J］.新闻界，2008（1）：10-18.

事相同价值创造活动的企业。当然，有相当一部分规模较大的电视媒体，尤其是跨国媒体集团涉及了多个环节的价值创造活动，有的甚至涵盖了几乎所有的环节。电视媒体产业化的发展方向将是融平面媒体、电视媒体、网络媒体、手机媒体等在内的多种媒体相互整合的过程。在这个过程中，海量数字媒体资产的开发将对电视内容产业价值链提供强有力的支持，这主要表现为以下三个方面。

1. 集中管理，广为利用

通过建立一个集中的、完整的电视媒体数字资产库，使获得合法授权的人在任何时间和地点都能通过网络准确快速地得到所需要的内容。

2. 与内容运营商联合开发各类节目内容

借助媒体资产管理系统强大的资源整合和管理能力，根据运营商对受众市场的把握，联合开发制作有针对性的节目，占有更大的市场份额。

3. 创造新的商机

充分利用互联网、手机等新媒体，通过深入研究消费者的注意力，挖掘有价值的内容资产，创造新的获得效益的机会，使数字媒体资产能够得到更加广泛的发布渠道和利用方式，在新媒体领域拓展更大的市场空间。

三、电视内容产业价值链的特征

由于产业特性的不同，不同产业价值链的形态往往也存在着一定的差异。就电视内容产业价值链而言，其主要特征体现在以下三个方面。

1. 整体性

构成电视内容产业价值链的各个环节是一个有机的整体。它们相互制约、相互依赖，每个环节都是由大量的同类媒体机构组成的，上游和下游产业环节之间存在着大量的信息、内容产品、资金等方面的交换关系。这是一个价值增值过程。

2. 技术关联性

电视内容产业价值链的各个环节技术关联性较强，并且在技术上具有层次性。这里的技术是指在电视内容产品生产和运营方面的设备、经验、知识和技巧。比如，我们从系统的角度来看，电视内容产业价值链中存在着节目—频道—有线网络终端的层次。

3. 价值延展性

电视内容产业链的价值延展性很强，呈网状结构。一般来说，物质产品的价值链会随着产品进入终端市场便告结束，但内容产品却不一样，如电视节目制作公司往往将它们的内容产品同时售卖给若干个不同的电视台。一方面，媒体产业生产具有专业或艺术价值的内容，以此作为商品，然后通过传播来获得价值交换和满足人们的精神需求；另一方面，这些消费内容的"受众"，被作为媒体组织的另一种商品出售给广告商，然后通过广告商的广告投入，进行二次售卖，实现内容产品的价值增值。此外，电视内容产业价值链可以向相关产业延伸并不断创造新的价值，如可以为移动和视频网站运营商提供相关的内容服务，而且，新的价值形成以后，还能进一步促进原有内容产品价值的升级。

由上述特征可知，研究电视内容产业价值链要注意解决好两个方面的问题：一是电视内容产业价值链的上、中、下游各环节是否完善和紧密衔接；二是构成这些价值链的各个业务单元是否能实现资源共享及业务流程整合来为该产业链服务。只有当产业链上的各个环节运转高效、顺畅时，才能使该产业链创造更大的社会价值和经济价值。

四、构建基于海量数字媒体资产的电视内容产业价值链

数字化、网络化和无线传输等技术的发展应用使传统的电视产业格局发生了巨大变化，它引起了电视内容产业价值链中各个环节的变化，进而带来了整个产业价值链的变革与升级。电视媒体内容的数字化管理带来了内容资源的扩展，电视内容产业的价值链也随着产业格局的变化而发生改变。电视内容产业内部将展开进一步的分化与整合，在产业链的各个环节中将分化出更加专业的服务公司，通过有效管理和协调电视内容产业链中的各环节，形

成一个更加完整的运营系统，一方面使服务区分得更细，另一方面则涵盖更大的服务范围。

近年来随着数字媒体资产管理的产生和发展，人们逐渐认识到其在电视内容产业价值链中的重要作用。数字媒体资产管理是指运用先进的技术手段、科学的理论和方法，对数字化的媒体内容资产进行计划、组织、存储、控制和开发利用，其目的是统筹资产的利用效率，实现价值最大化[1]。因此，深入研究以数字媒体资产为核心资源的电视内容产业价值链的构建，将为数字媒体资产的拥有者通过各类媒体运营平台（特别是融媒体平台）进行内容产品的开发和价值创造提供重要的依据，以此发掘数字媒体资产巨大的市场潜力和价值创造空间，并更好地服务现代媒体的电视业务、IP 业务、交互业务、数据业务、移动业务等综合业务的开展，提升我国电视内容产业的竞争能力。

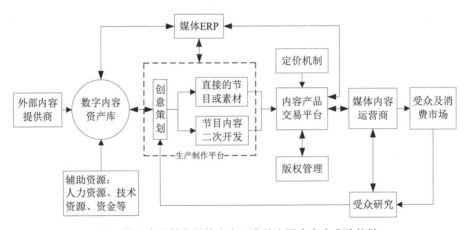

图 2　基于海量数字媒体资产开发的电视内容产业价值链

图 2 构建了基于海量数字媒体资产开发的电视内容产业价值链。在这个价值链中，数字内容资产库是面向市场开发的核心资源，该资源既包括媒体组织自身的节目和素材，也包括来自外部内容提供商提供的内容。此外，要实施节目产品的开发还必须有人力资源、技术资源和资金等的保障。其中，

① 宋培义. 数字媒体资产管理［M］. 北京：中国广播影视出版社，2009.

人力资源由积极主动、富有经验的电视媒体从业人员组成，他们可以通过媒体资产管理系统维护基础设施以及提供面向受众市场的节目产品开发解决方案，充分利用海量的数字资产创造商业机会；而技术资源则是一套可分享的技术平台和海量媒体资产数据库，它可以实现媒体资产管理系统和媒体业务应用的全面整合，并建立节省成本的开发和应用模式。

生产制作平台包括内容产品的创意与策划，以及在此指导下对内容资产库中节目、素材的直接利用及内容资产的二次开发。当所开发的内容产品到达交易平台后，还需要通过数字版权管理环节、产品定价环节和相关的格式转换环节等过程为内容运营商提供具有商品属性的内容产品和服务。交易平台还必须提供对内容资产库中的节目或素材以及二次开发的内容的查询检索服务，它是数字内容资产对外销售的窗口。内容产品在交易平台完成交易后，由媒体内容运营商将采购的节目或素材进行编排并推送给最终的受众和消费者市场。内容运营商在运营过程中，还要定期处理财务上的交易往来，负责给用户发放许可证书、给交易平台的内容提供者和版权所有者分配收益，并监督版权的发行和使用情况。

其实在电视内容产业价值链中，数据交互不仅仅包含数字媒体资产的视音频内容数据，还必须包含终端消费者的需求信息，即要有信息的反馈环节。信息反馈环节主要是对媒体产品效果的反馈，由媒体内容运营商的受众研究部门将市场的动态信息反馈给生产制作平台的研发部门，这样就可以使生产者了解消费者的需求和感受，提高内容产品生产的针对性，最终提高广大受众和消费者的喜爱程度。可见，在数字内容产品的整合营销过程中，对用户需求数据的挖掘是一件非常重要的工作，像世界著名的亚马逊网站就有着非常好的用户数据挖掘机制，该网站通过这种机制可以及时掌握消费者的消费行为和趋势。

按目前国内电视媒体的组成情况来看，数字内容资产库、生产制作平台和内容产品交易平台可以在一个组织的掌控之下，这样从内容资源的整合、产品的生产加工到通过交易平台的销售，可以引入媒体 ERP（企业资源计划）系统，动态管理和指导内容产品的采、产、供、销的全部生产过程。例如，

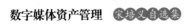

在媒体 ERP 管理平台的支持下，根据来自受众消费市场和内容运营商的市场调查结果，制订面向不同消费市场的各类内容产品的生产计划，再配合市场营销方案，向生产制作平台下达生产任务书，制作部门则通过 ERP 平台调度数字内容资产库的相关内容，安排完成内容策划、节目或素材的采集、编辑制作、产品递交，同时将新创作的节目产品或素材存入数字媒体资产库，使之成为新的资产。如此可以形成以工作流、产品流、资金流、信息流支持下的内容产品的生产过程管理，完成反馈式过程控制的闭合流程，最终实现电视内容产业链上从生产制作到销售等环节的顺畅流通。

五、总结

随着数字化技术和新媒体的发展，数字媒体资产管理的思想正在影响着新的电视内容产业价值链的形成。本文描述了传统的电视内容产业价值链的基本组成，论述了电视内容产业价值链的特征，在此基础上构建了基于海量数字媒体资产开发的电视内容产业价值链。这种以数字内容资产库为中心实施开发与销售的价值链，要求内容制作团队更加专业、运营平台更加多元、内容产品交易体系更加完善，从而使消费者的个性化需求得到更好的满足。

因此，电视媒体应充分发挥海量数字资产库的作用，通过新的体系结构对与数字资产相关的要素进行整合，并重构基于数字媒体资产管理和开发的核心业务过程，以此来提高各类节目内容产品的生产质量和数量，更好地开展对内、对外服务并实现更大的价值创造，推动我国电视内容产业的快速发展。

中国广播影视数字内容产业价值链模式构建*

一、引言

当前，随着我国许多广播影视机构已经建成数字媒体资产管理系统，基于版权开发应用的数字内容产业边界也在不断扩大，除了传统的广播电视对视音频内容资源的需求外，现代媒体的 IP 业务、交互业务、数据业务、移动业务、VOD 点播、音乐下载等的开展也对数字内容资产有了更多的需求。

数字内容产业作为一种新兴的智力密集型与高附加值产业，已被列入国家《国民经济和社会发展第十一个五年规划纲要》和《2020 年中长期规划纲要》，成为我国经济与社会发展的重要工作之一。2013 年 8 月，国务院颁布的《关于促进信息消费扩大内需的若干意见》中提出，我国信息消费年均增长率已超过 20％，到 2015 年信息消费规模将超过 3.2 万亿元。《关于促进信息消费扩大内需的若干意见》从加快信息基础设施演进升级、增强信息产品供给能力、培育信息消费需求、提升公共服务信息化水平、加强信息消费环境建设等五个方面提出了促进信息消费的主要任务。这些都为内容产业的大发展大繁荣提供了良好的契机。

我国的广播影视媒体机构拥有大量的视、音频等内容资产，而且这些内容普遍具有较高的社会和经济价值，但目前行业对数字内容资产的管理及其

＊ 本文原载于《现代传播》2014 年第 5 期，与黄昭文合作，收入本书时有改动。

版权的开发利用重视程度不够，还没有上升到内容资产整合及产业价值链的构建和开发阶段。在国内的许多广播影视媒体已经进行了一定程度内容资产数字化的背景下，通过重构广播影视数字内容产业价值链过程，面向各类媒体运营平台挖掘利用，将沉积在各广播影视机构内容资产库中的资源流通到全社会内容产业的大市场中，提供量多质好的各类内容产品，这样才能更好地推动我国广播影视内容产业的快速发展，促进国内信息消费市场的扩大。因此，本文将结合广播影视行业数字化的现状，在构建内容产业价值链模型的基础上，从行业整合角度来思考广播影视内容产业链各环节之间的竞合关系，并提出有针对性的实施策略。

二、数字内容产业国内外研究发展现状评述

（一）国内现状评述

国内关于数字内容产业及其价值链的研究还不够深入。唐鹍等人揭示了内容产业的重要战略意义和功能[①]；熊艳红等人探讨了中国数字内容产业的发展现状及存在的问题[②]；李爱勤等人提出了影响我国数字内容产业发展的产品创新设计、技术支持系统架构、数字内容产业管理、相关法律法规健全等四个关键因素[③]。这些研究内容多局限在一些较为浅显的调查分析或框架结构方面。对于电视内容产业价值链的研究，国内有学者主要从一个新节目的投资—研发—生产—销售—衍生产品开发及配套服务这样一条路径展开研究。如冯智敏等人提出了包括资本、生产和流通三大环节的电视内容产业链[④]；李良荣等人提出打造围绕制片商、分销商和节目平台等环节的电视产业链的构

---

① 唐鹍，缪其浩.信息资源建设和内容产业［J］.情报学报，2001（4）：395–401.

② 熊艳红，赖茂生.中国数字内容产业现状简析［M］//信息时代的经济学与管理学：2005年信息经济学年会论文集.北京：清华大学出版社，2005.

③ 李爱勤，胡群.影响我国数字内容产业发展的关键因素研究［J］.现代情报，2010，30（10）：61–63.

④ 冯智敏.内容业：电视产业发展的根本［J］.西南民族大学学报（人文社科版），2006（5）：124–126，247–248.

想①。但是，一个新节目的产业链和以海量内容资产为核心的更大范围的产业链是不一样的，因此，现有电视内容产业价值链的研究较为单一且涵盖范围窄。

基于对我国数字内容产业的分析，我们认为目前的发展还面临如下需要解决的问题。

1. 我国对数字内容产业的运行机制还缺乏深入研究；内容产业的发展缺乏全局构想和总体规划，部门之间协调、沟通不够，内容、资金、信息、政策资源等未能实现有效整合。因此，内容产业的战略地位有待提升。

2. 我国的数字内容产业在内容资源整合、创意生产、交易平台、市场运营、用户体验等产业链上各环节出现了一定程度的脱节，常常是某一个机构负责多项任务，这就制约了内容产业链的整合营销和集成创造能力。因此，内容产业结构需要完善。

3. 国内数字内容的传播还存在大量的盗版侵权行为，数字内容的版权保护成为亟须解决的难题，这不仅仅需要借助先进的技术手段，更需要进一步健全版权管理与保护机制。

4. 广告收入仍是我国传媒产业的主要盈利来源，特别是我国广电行业的收益对广告的依赖度达90%以上。如不改变这种盈利模式较为单一的现状，将对产业未来的发展产生极为不利的影响。

因此，针对广播影视行业的各类内容资源优势，探讨如何构建基于数字内容资产开发的内容产业价值链，既具有理论意义也具有现实意义。

（二）国外现状评述

1. 国外主要发展模式

美国、澳大利亚以及亚洲的日本、韩国等国家非常重视数字内容产业的发展，它们发展数字内容产业的模式各有特点。

（1）美国的市场导向模式。美国政府对发展数字内容产业给予大力的支

---

① 李良荣，周亭. 打造电视产业链 完善电视产品市场 [J]. 现代传播，2005（3）：15-19.

持，采用了"杠杆模式"，以"配套资金"来要求与鼓励各级政府和大型企业拿出更多的资金赞助和支持数字内容产业的发展。为此，联邦政府每年投入约 11 亿美元，而各级政府及大型企业的赞助费更是高达 50 亿美元以上。在数字内容产业的发展过程中，美国强调规范市场交易行为，以市场为导向，重视商业模式与技术创新性。

（2）澳大利亚的"创意国家战略"模式。澳大利亚早在 20 世纪 90 年代就提出了"创意国家"战略，并把文化事业与创意产业的发展结合起来，还专门设立了一个由 16 个组织为成员的传播、信息科技与艺术部长联席会。部长联席会的主要职能就是为数字内容产业的发展创造一个良好的环境，提供相关的政策支持。同时，部长联席会下设澳大利亚商业基金会，由其为数字内容产业的发展提供资金支持。

（3）日本的国际化模式。日本数字内容产业的重要战略是重视拓展海外市场。早在 2003 年，日本经贸部就成立了内容产业全球策略委员会，其主要职责是促进日本的数字内容产业走向国际市场。日本的数字内容产业海外市场拓展包括开发和销售、生产平台和相关服务等一整套相关业务。以国际动漫市场为例，截至 2012 年底，日本的动漫占据全球市场份额的 70% 以上，这得益于其较低的生产成本、快速生产模式和新颖的题材创意。

（4）韩国的政府主导模式。数字内容产业是韩国十大新引擎产业之一，其产值早在 2008 年就突破了 100 亿美元大关，并保持着年均增长率 10% 左右的速度[1]。韩国数字内容产业的飞速发展离不开韩国政府多年来在政策法规、投融资模式以及专业管理组织等方面的建设与投入。

因此，我国在发展数字内容产业的过程中，应该充分借鉴这些国家在政策引导、投融资机制以及产业服务模式等方面的先进做法，以便少走弯路。

2. 国外相关研究

国外对内容产业的研究比较注重诸如商业模式、产权、技术等方面实际

---

① 闫世刚. 数字内容产业国际发展模式比较及借鉴 [J]. 技术经济与管理研究，2011（1）：104–107.

应用和效果的分析。例如，Stephens 的研究内容触及数字内容产业与数字产权问题 [1]；Pemberton 等则对数字内容企业运营进行了研究 [2]；Koji DomonNaoto 及 Nina Koiso-Kanttila 等人的研究涉及资金获得渠道、产品营销、定价及商业模式等方面的问题 [3]。在数字内容资产版权开发领域，John Jordan 等人指出数字资产的深度开发有重要的商业价值 [4][5]；Edward Altman 则从生态系统的角度，论述了数字资产存储、开发、服务和保护的关键问题 [6]；Elizabeth Ferguson Keathley 则认为数字资产管理的组织间应该加强合作，并且行业内应该建立供数字资产管理用户交流和咨询的机构 [7]。但这些成果侧重于某个企业、某种商业模式、产业链上的某个环节或一些基本框架的论述。对于较为完整的广播影视数字内容产业价值链的构建及运营模式，并没有直接可以借鉴的成果，因此，本文的研究具有一定的探索性。

三、广播影视数字内容产业价值链模型与主要环节

（一）数字内容产业价值链模型

广播影视内容产业的价值链应该包括为受众创造价值的主要活动和相关的支持活动。构建价值链的目的就是将广播影视内容产业的所有资源、价值活动与战略目标联系起来，帮助该产业认识不同环节之间的关系及各自的重

---

① STEPHENS M. Sales of in-game assets: an illustration of the continuing failure of intellectual property law to protect digital-content creators [J]. Texas law review, 2002, 80 (6): 151-153.

② PEMBERTON J. An industry analysis with outsell inc [J]. Online, 1999, 23 (4): 40-46.

③ DOMONNAOTO K, KOISO-KANTTILA N. Unauthorized file-sharing and the pricing of digital content [J]. Economics Letter, 2004, 85 (2): 179-184.

④ JORDAN J, ELLEN C. Business need, data and business intelligence [J]. Journal of digital asset management, 2009, 5 (1): 10-20.

⑤ KOISO-KANTTILA N. Digital content marketing: a literature synthesis [J]. Journal of marketing management, 2004, 20 (1-2): 45-65.

⑥ ALTMAN E, GOYAL S, SAHU S. A digital media asset ecosystem for the global film industry [J]. Journal of digital asset management, 2006, 2 (1): 6-16.

⑦ KEATHLEY E F. Problem solving in DAMs—Don't reinvent the wheel: resources and communities for sharing solutions [J]. Journal of digital media management, 2012, 1 (1): 6-8.

要意义。通过对产业价值链加以分析，可以衡量每个活动环节对产业战略成功的贡献程度，并可据此确定哪些活动环节是广播影视内容产业建立竞争优势的重要环节，需要在战略执行的政策或资源配置中给予相应的支持。

事实上，中国广播影视行业数字化后的内容资产，将形成一个巨大的市场，为内容产业价值链的构建和面向市场的开发利用奠定基础。广播影视数字内容产业价值链应该包括：数字内容资产库、节目生产制作平台、内容产品交易平台、媒体内容运营平台、受众及消费市场、版权管理与控制等几个环节。图1是本文提出的广播影视数字内容产业价值链模型，由此可以将广播影视内容产业价值链延伸到互为依存的上游、中游和下游各个环节，通过整合资源、协调彼此关系，共同形成一个服务于全社会的大市场。

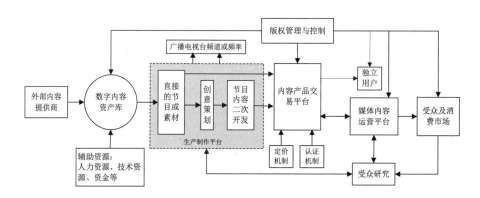

图1　广播影视数字内容产业价值链模型

（二）数字内容产业价值链主要环节的作用

1.数字内容资产库与内容整合

作为以内容资源为核心的广播影视机构，首先要从各个电视台、电台、影视制作公司自身做起，构建自己的数字内容资产库，进行内部内容资产的汇集、梳理及编目。由此形成的数字内容资产库，构成了该组织面向市场竞争的战略性资源。除整合和管理好自身的内容资产库外，还必须与产业链上的其他内容供应商建立紧密联系，以保障对有价值节目和素材的获取渠道。

从广播影视数字内容产业价值链的全局利益来看，必须建立基于价值驱动的数字内容资产统一管理与协调的机制。这种机制既要协调与管理媒体组织内部之间的关系，也要协调与管理内部与外部之间的关系，以实现对内开展各种内容资产的整合及编辑生产、对外开展内容产品销售这两个渠道的管理流程，从而大幅提高媒体组织的管理绩效。尽管不少广播电视台和影视公司已经建立了自己的媒体资产管理系统，但是还没有从行业角度将各种资源进行整合，还只有各自独立的系统，难以使信息、各类节目及素材在不同的媒体组织之间完成分享。因此，要发挥总量资源优势，必须从整个行业角度进行内容产业的战略规划，并通过构建广播影视内容产业云服务平台的形式进行内容资产整合与业务流程再造，以满足内容产业快速发展的需求。

2. 生产制作平台和节目内容的增值开发

生产制作平台包括对内容资产库中有价值节目和素材的直接利用，以及经过开发团队的创意与策划，对内容资产库中节目、素材的二次开发利用。这是一个集节目和素材的挖掘、选择、创作、媒体内容二次开发和生产，并向广电媒体内部的频道（或频率）及外部的内容产品交易平台提供各种有价值组合资产的过程。

生产制作平台可以从属于广播电视台，也可以是社会上独立的影视节目制作公司，它们是内容产业价值链的中间环节，通过上游的内容资产库获取需要的节目和素材，并将节目和素材进行重新包装，或运用拆解、组合等方法对内容资产进行多层次的开发，推动内容产品质量和数量的提高，再将生产制作出的新的内容产品通过交易平台提供给市场的多个领域，由此可以大幅提高数字内容资产的利用效率与整体盈利水平。例如，北京卫视的《档案》就是通过挖掘历史内容资源而制作出的一档高收视率的节目。该节目由讲述人通过翻阅、播放、展示、聆听、演示等手段，把一个个故事呈现给观众。节目中运用的所有素材均是历史资料，包括历史影像、照片、音频资料、实物、文稿，等等。它通过对历史资料进行客观、严谨的挖掘与编排，既增加了节目深度、提升了节目质量，又增强了节目的说服力与可信度。此外，未来新的发布方法还将允许受众根据个人需求从广播影视资料库中获取某些内容，即授权大众对元数据和供内部使用的目录的访问，然后通过基于 IP 的文

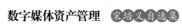
档传输把所选定的内容传给观众，或者只是允许符合身份的客户对有关内容或内容片段进行下载，这也将是媒体组织获得额外收入的一个渠道。因此，各媒体机构开放的、可检索利用的内容资产库对节目的专业化、大规模生产及个人需求都具有重要的作用。

3. 内容产品交易平台及其运行机制

在内容产业价值链中，内容产品交易平台的作用是在内容的供给方和需求方之间建立联系，为双方最终达成交易提供信息、技术支持和中介服务，如内容产品目录查询、电子支付、数字内容产品传输、版权保护技术等，但内容产品交易活动本身是在内容提供方和需求方之间进行的，交易平台只是从双边用户中收取某种形式的服务费用。交易平台的功能就是尽可能多地吸引供给方和需求方到平台上来，以增强网络的外部性，降低供需双方的寻找成本，提高交易平台的市场价值。

因此，广播影视媒体中存在的海量数字内容资产只有通过面向市场的内容产品交易平台进行交易，方能更好地为社会提供服务并实现价值增值。要保证交易平台的良好运行机制，必须解决好以下几个方面的问题。首先，需要引入一个第三方信任机构来解决信用认证服务机制问题，包括交易双方的资质认证和交易内容的版权权属认证，这是交易平台运行的信用保障；其次，要在交易平台上集成有关标准化合约交易工具，以实现基于标准合约的对所售卖版权内容的快速授权使用，这是交易平台提高交易效率的保障；再次，要解决好内容产品本身的定价机制和定价策略问题，可依据数字内容产品的效用性价值和稀缺性价值定价，在定价策略上可采用多重定价、捆绑定价等策略；最后，交易平台的收费问题，可依据双边市场交易理论确定合理的收费策略，如免费、或只收注册费、或只收交易费、或采用注册费加交易费这种两步制收费方式，可以在交易平台发展的不同阶段采取不同的收费策略。目前，国内尚未建立大型的广播影视内容产品交易平台，下一步可以尝试通过广播影视相关机构合作的方式形成供给方联盟，以扩大内容产品的供给数量，吸引更多的用户进入交易市场，通过交易平台为内容资产的买卖双方提供更好的服务。

4.媒体内容运营平台及其面向社会的服务

媒体内容运营平台是数字内容产业价值链中承上启下的重要环节，主要包括电视台、广播电台、视频网站、手机运营商、移动电视运营商等。内容运营平台可以通过交易平台购买有针对性的节目或素材，并将购买的节目或素材进行重新包装、编排或二次创作，最终提供给各自的消费群体。内容运营平台的商业模式创新是需要重点考虑的一个问题，除了购买内容外，产业价值链之间的相互合作可以更好地分担成本，扩大收益，特别是引入热点原创内容将扩大运营平台的影响力。国外一些开发电影档案库的广播公司的经验表明：即使在电影出品几十年后，有趣的内容始终会吸引观众，新的主题频道的开发就是一种获益的有效方法，如美国的 HBO 频道。还有，随着智能手机、平板电脑等智能移动终端的普及，移动运营商应联合生产制作平台开发符合移动终端需求的微视频内容，这类微视频是指短则 30 秒，长则不超过 20 分钟，内容广泛，视频形态多样，包括微电影、纪录短片、视频剪辑、DV 短片、广告片段等，以此提升用户群体对短时间视频内容获取的需求。

例如，隶属于中国国际广播电台的国视通讯，主要承担中国国际广播电台在全国范围内手机广播电视业务运营。从 2012 年初起，国视通讯主推微电影手机收费发行，截至 2012 年底，它们在中国移动手机视频业务的包月用户已超过 1000 万人，其中，关于微电影的子栏目在总收入中占比已将近 10%。其实早在 2009 年，国视通讯就立足于在手机电视平台上大力推广短视频、微电影，探索在运营商收费的手机平台上，借助运营商的用户渠道，采用会员制与点播次数收费相结合的形式，形成微电影的内容收入模式。虽然手机平台微电影收费的商业模式尚处于探索阶段，但是持续多年的媒体内容产品这一"免费的午餐"终会逐渐减少，媒体内容运营平台针对内容产品的收费是不可回避的话题。因此，媒体内容运营商应从多角度拓展盈利模式，如与上游内容提供方进行深度合作开发，通过提供优质的内容服务获取更大的收益。

5.受众及消费市场研究

在广播影视内容产业价值链中，数字内容产品的开发和通过运营平台的推送必须了解受众的需求和感受，研究内容市场的热点和空白点，在此基础上有针对性、创新性地开发生产传统媒体和新媒体市场需要的内容产品。例如，美国一家领先的电视网为了提出新的产品创意，展开了广泛的调研，目的是了解各个不同时段分别有哪些受众群体没有被充分服务，最终据此生产有针对性的节目产品。通过调查该电视网，人们发现了与这些没有被充分服务的电视观众相关的话题，如信息、纪录片和家庭节目等，通过开发不同时段、满足不同受众群体的有竞争力的内容，该电视网最终实现了观众份额的提升。

图1中，媒体内容运营平台的受众研究部门为了获取消费者的市场需求信息，可以利用传统受众调查方法（如召开受众座谈会、研究来信、给受众寄发征求意见书等）和现代受众调查方法（如随机抽样调查法）并结合收视率调查的方式来获取受众对内容产品的喜爱程度，再运用科学的统计方法和现代处理工具进行分析，从而准确定位目标市场的消费需求。特别是对于视频网站、手机视频这样的新媒体内容服务方式，完全可以运用大数据技术，通过在线获取广大受众的点击内容、点击量、观看时长等行为数据，挖掘受众当前关注和喜欢的热点内容。因此，内容产品营销服务的理念很重要，而实现这种营销服务的基础是建立详细、准确的动态用户资料数据库，包括用户的类型、收看行为、用户满意度情况等，以此进行数据挖掘和用户分析，确定重点用户，跟踪用户需求，调整内容生产策略以及进行更有针对性的内容推介。最终为优化内容生产、产品价格调整、定向广告投放（或无广告的内容收费标准）等诸多决策提供依据。

6. 版权管理与控制

数字版权管理是一项涉及技术、法律、商业应用等诸多层面的系统工程，包括数字内容产品传输、管理、保护和发行等在内的一套完整的体系方案，强调一种系统化的理念。它通过在数字空间里真实地识别用户、授予用户的权利范围、规范用户的行为方式等来进一步保障和管理整个内容产业价值链中所有参与者的利益。

数字内容资产的版权管理是实现节目内容有效保护、统一管理和面向市场开发的重要基础，只有完善了数字内容资产的版权管理法规并严格执行，才能真正体现内容资产的核心价值，才能提升我国广播影视媒体的核心竞争力。版权管理存在于内容产业价值链的各个环节，从创意策划、内容生产、内容存储、内容交易到用户使用等，都需要进行有效的管理和控制。

广播影视数字内容产业价值链的版权管理与控制应重点解决三个方面的问题。一是更好地改善版权管理和保护的生态环境，如细化版权实施细则、科学划分版权界限、明确版权价值评估标准、制定版权交易规则等；二是规范数字内容产品的版权交易合同，包括版权所有者与交易平台的合同、交易平台与内容需求方的授权合同等；三是采取有效手段实现版权追踪，即对销售出去的数字内容产品要能够监控其被使用的合法性。解决好这些问题，需要的是技术、法律和市场三方力量的协同，通过经营理念和商业模式的创新，克服数字版权管理技术的限制与反限制之间的矛盾，最终形成内容资产所有者、交易平台、内容运营平台及最终消费者之间的相对公平的利益分配机制。

四、结语

目前，我国广播影视内容产业的数字化运营尚处于初级阶段，还没有成为内容产业价值创造的支撑点，但其未来发展空间巨大。构建广播影视内容产业价值链必须从整体性、技术关联性和价值延展性上去部署，强调产业链的资源整合能力、集成创造能力和整合营销能力。广播影视数字内容产业价值链中的内容整合、创意生产、交易平台、运营平台、版权管理、消费市场等环节必须互为依存、紧密衔接，只有通过共享资源、重构业务流程及创新商业运营模式，才能开拓更大的数字内容产业市场空间。

数字媒体内容的版权管理与所有权管理[*]

一、引言

网络技术和电子商务的发展使得数字媒体内容的电子发行成为一种有效的方式，这主要是由于拷贝和发行数字媒体具有方便和成本低的特点。然而，如果数字媒体内容的版权不能得到有效的保护，数字媒体内容的拥有者将不愿通过网络渠道发行其内容，以保证其拥有合法版权的内容不被非法广泛地传播。近些年兴起的数字版权管理（Digital Rights Management，DRM），是一项涉及技术、法律和商业各个层面的系统工程，它为数字媒体内容的商业运作提供了一套完整的实现手段。

数字版权管理是数字化内容在生产、传播、销售、使用过程中知识产权保护与管理的技术工具。它通过在数字空间里真实地识别用户、授予用户的权利范围、规范用户的行为方式等来保障数字化内容的所有者和经营者的权利及利益。其主要手段是通过数字水印和加密等技术来防止对内容的非法盗版，从而保护作者、出版商、经销商和使用者的合法权益。数字版权管理技术的出现，使得版权所有者可以不必再耗费大量的时间和精力与客户进行谈判，从而能保证数字媒体内容被合法地使用。因此，有效地运用数字版权管理技术，将使各个平台的内容提供商们提供更多的内容，采取更灵活的内容

---

* 本文原载于《广播与电视技术》2010 年第 1 期，与刘妍妍合作，收入本书时有改动。

销售方式，同时又能有效地保护知识产权。

数字所有权管理（Digital Ownership Management，DOM）是近年来国外学者提出的一种新主张，与版权管理不同的是，所有权管理更强调合法购买内容的所有者权益，关注所有者地位的管理和保护。它主要解决数字内容的拥有和交易问题，包括在线和离线所有权的转让（内容所有者之间的贸易与买卖），临时转让所有权（转借其他人），在线和离线所有权的证明等。所有权管理涉及三个要素：合法的内容所有者、内容以及所有权信息。与保护内容本身相比，所有权的安全管理在技术上是可行的，且合法的所有者可以在任何时间任何地点下载其拥有的内容。实施有效的数字所有权管理将有助于减少用户非法使用内容的行为。

数字版权管理和数字所有权管理是知识产权保护的两种方法，它们各有其特点，虽然在技术方面都已取得了较大突破，但是在管理和实践环节还存在许多薄弱之处，因而限制甚至阻碍了人们对数字媒体内容的开发利用和价值创造活动。完善的版权管理和所有权管理应把技术、商业服务和管理手段结合起来使用，综合考虑并保障各方的利益。本文将对数字版权管理和保护、数字所有权管理与服务等加以探讨，给出解决相关问题的策略。

二、版权管理与知识产权

按照知识产权的分类，与数字媒体资产有着密切关系的是版权。版权（Copyright）也被称为著作权，是指权利人对其创作的文学、科学和艺术作品所享有的独占权。这种专有权未经权利人许可或转让，他人不得行使，否则构成侵权行为（法律另有规定者除外）。

著作权法上的作品是指文学、艺术和科学领域内，具有独创性，并能以某种有形形式复制的智力创作成果。构成作品应具备以下条件：（1）必须是具有独创性或原创性的智力创作成果；（2）是属于文学、艺术和科学领域的智力创作成果；（3）必须有一定的表现形式，如文字作品、音乐、戏剧、美术、摄影、影视等；（4）必须是能够固定于某种载体上，并能够进行复制的。数字媒

体资产的特征仍然具备知识产权的一般特征：是一种精神财富、具有永久存续性；具有可复制性；具有可广泛传播性；可以同时被许多人使用；不能用控制物质财产的方式去控制数字媒体资产。

版权管理主要包含两部分：版权管理（与内容对象相关的版权描述和版权文档）和版权保护。美国出版协会对数字版权管理的定义是：在数字内容的商业活动中，保护知识产权的技术、工具和过程[①]。Einhorn 的定义是：数字版权管理是指通过控制系统的运行，对使用包含诸如视频、音频、图片或文本这类媒体内容的计算机文件进行监督、控制和定价[②]。

知识产权（Intellectual Property Rights，IPR）和数字版权管理属于相关的领域，将它们放在一起考虑时，就形成了一个自我包含的问题域，应该说知识产权包含更大的范畴。对于版权情况不明确的数字内容在商业环境中是不能使用的。不遵守法律、契约规则和知识产权而去使用内容可能会引起严重的后果。不了解相关的知识产权，一个内容对象对一个媒体组织来说不具有商业价值，因为它不能被使用和开发。只有当拥有一个内容对象的版权时，我们才能展示、传播或交易该对象，才能将该对象用于商业开发。

数字媒体内容应该通过专门的版权管理系统来维护其知识产权体系、合同信息和其他与内容对象有关的法律文档，并且版权管理系统管理的信息要和内容管理系统中内容对象的信息联系起来。在版权管理系统，通过知识产权来描述特定内容对象的所有权和使用限制等。这些权利有可能很复杂，通常需要专业人员的解释。该权利包括所有权（如作者、作曲者、导演、摄影师等）、演出权（如演员、音乐家等）、个人权利和其他很多权利。在使用（重用）作品时，要充分考虑版权拥有者的具体权利。因此，要妥善保管内容对象的法律文档并及时更新。

除了要考虑媒体内容的所有权，还要考虑如下限制：（1）地域限制（通常

---

① Association of american publisher.Digital rights management for ebooks：publisher requirements ［C］．Washington，DC：Association of American Publisher，2000.

② LYON G. The internet marketplace and digital rights management ［EB/OL］.（2001）［2024-03-30］.https：//tsapps.nist.gov/publication/get_pdf.cfm?pub_id=150308.

指地理限制）；（2）传输和传播方法（如通过电视、电影、广播、网络、移动媒体等）；（3）传输和传播时间（先于或后于某一天）；（4）使用期限；（5）用户（传输者）数量。

不仅要注意内容管理系统中和数据有关的某些基本版权，还应该注意在内容对象中享有其他版权的对象内容。媒体内容管理系统的用户要从法律部门得到更多有关版权的信息，以便在使用内容的情况下，保证尊重所有的版权要求。

三、版权保护

数字媒体内容管理中的版权属性包括三个方面：许可、限制和权益分配。许可解决的是如何用的问题，即授权使用，如电视播出、新媒体传播、素材使用、衍生产品开发权等；限制是在某一许可下对内容使用的限制，如某一节目内容可在电视台播出3次，某一重大历史素材片段可以在某部电视剧中使用等；权益分配是指当某种内容被使用时，权利人应该得到什么样的回报或使用者必须履行什么义务，如使用者须支付使用费用、在指定场景显示权利人的署名等。媒体组织必须密切关注被出售的数字内容的许可、限制和权益分配这三个方面，以确保自身的版权受到保护，核心价值没有受到侵害。

一个真正的内容管理系统必须对其数字内容的版权进行有效管理。然而，版权管理是一个非常复杂的问题，它要求管理者有大量的相关专业知识。媒体组织可以在它们的法律部门内建立一个基于软件的版权管理系统，由组织来决定哪些内容应该对外部的用户严格保密，哪些内容可以有条件地开放。内容管理系统应该向用户提供一些关于内容对象的版权信息，并且人们可以选择那些被访问信息的数据类型及它们的表现方式。为了确保版权状态是完全清晰的，版权部门必须对各类内容的版权状态进行说明。

从市场开发的角度看，数字媒体内容的主体方应设计基于市场价值的均衡投资分配模型，以保证投资人的积极性与连续获利性。这一点，从当今网络资源的利用现状就能看出其必要性。例如，为了保护软件版权拥有者的权

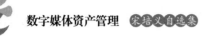

利，对于文件下载的方式，系统可以直接对文件加密，也可利用传统的软件加密方法（如时间锁、加密卡、加密狗、序列号、网卡号、硬盘号等）来实现。

对于不是以应用程序的流式传输的数字媒体内容，版权保护也有了新的解决方案。为了保证版权拥有者、发行者和用户这三方的利益，对流式传输方式的数字媒体内容进行版权保护必须做到以下几点：（1）发行者只有得到版权拥有者的允许才可按合同要求发行，用户只有得到发行者授权才可按规定使用；（2）发行者的发行行为受到版权拥有者的有效监督，用户的使用行为受到发行者的有效监督；（3）上述行为必须通过版权管理系统进行有效的监控。

对于流式传输方式的数字媒体内容下载和版权保护，国内外许多大公司（如 IBM、Adobe、Microsoft、北大方正等）都推出了各具特色的解决方案。以北大方正的解决方案为例，它主要是通过安全发行软件、交易软件和媒体播放软件实现对版权拥有者、运营发行商和最终用户三方面进行版权保护控制。版权拥有者通过运行安全发行软件（该软件运行在一个 Web 服务器上，可以通过浏览器等工具对其进行操作）对数字内容进行加密，对发行者进行授权或取消授权，并可以随时掌握各发行商对内容的经营情况，以便对数字内容的使用情况进行收集和统计，按实际情况结账；发行者运行交易软件（该软件同样运行在一个 Web 服务器上）与安全发行软件建立联系，并通过发售系统实现数字内容的销售和出租等服务，但发行者不能把数字内容转卖给其他发行者，也无法将其做成 VCD 或 DVD 转卖；用户通过指定的媒体播放软件对数字内容进行解密，并可在指定时间内无限次地播放，数字内容通过播放软件与硬件信息捆绑，防止其被拷贝后非法使用。被保护的数字内容可以通过互联网销售，也可以通过宽带在住宅小区内提供 VOD 点播服务。在该解决方案中，版权的保护完全由安全发行软件负责。

四、版权管理系统模型

对于版权管理所涉及的各方，Reihaneh Safavi-Naini 等人强调要平衡好版权所有者、内容供应商、发行商和最终用户等各方面之间的利益关系 ①。图 1 给出了一种数字版权管理系统的模型，通常一个数字版权管理系统是与电子商务系统结合在一起的。其中，内容提供商是持有合法版权内容的供给者，他首先将数字内容编码成系统支持的格式，然后加密、封装，并标注内容的权限和使用规则；发行商提供分销渠道，将从内容提供商那里得到的受保护内容分发给终端用户；用户则通过版权管理系统获得内容和使用（享用）内容；版权发行者则处理财务上的交易往来，负责给用户发放许可证、给内容提供商和发行商分配费用，并监督版权的发行和使用情况。在这里，所发行的内容是被保护的（如采用加密或水印技术），因此需要验证用户的身份，没有密钥是不能访问的。用户为了获得对内容的合法访问权，必须与版权发行者签订有效的合同，通过电子商务系统付费后才能按照合同规定的条款使用从发行商那里购买的内容，签订的合同中也会包含访问这部分内容的密钥，但是用户的访问权是有一定时间限制的。在具体的应用方案中，数字版权管理系统只是一个辅助的系统，往往是附加在多媒体内容解决方案上的。实际应用时，只有当该版权管理系统模型中的各方权益得到充分的保护，达到一种和谐共存的状态时，整个内容管理系统才能发挥最大的社会效能和经济效能。

---

① SAFAVI-NAINI R，SHEPPARD N P，UEHARA T. Import/Export in digital rights management ［C］. Proceedings of the 4th ACM Workshop on digital Rights Management，2004：99-110.

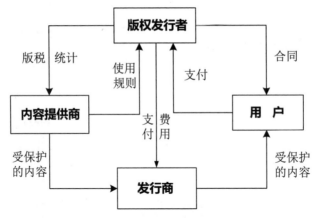

图 1 数字版权管理系统模型

针对上述模型存在的一个问题是，不同的数字版权管理系统所遵循的体系是不一样的，这些版权管理体系通常是由一些专门的技术供应商或标准组织定义的，每一种体系都定义了各自的文件格式、加密方法、认证协议等。例如，微软的 Windows Media DRM 和苹果的 FairPlay 这两个系统是不兼容的，它们有不同的文件格式、保护机制、权利管理系统和设备支持，用户在一个平台上获得的内容不能在另一个平台上工作。目前，还缺少普遍认可的统一标准和方法来解决这些问题，因此，只有实现系统之间的互操作性才能满足用户更好的体验，同时也会给内容提供商和发行商增加潜在的收入。MPEG-21 标准是由国际活动图像专家组（MPEG）提出的一个可互操作和高度自动化的框架，该框架考虑到了数字版权管理的要求、对象化的多媒体介入以及使用不同的网络和终端进行传输等问题，为这一领域的研究和发展指明了方向①。

五、数字版权管理与数字所有权管理

尽管数字版权管理已经有了相应的解决方案，但它还不能给数字内容的

---

① TOKMAKOFF A，NUTTALL F X，JI K. MPEG-21 event reporting：enabling multimedia e-commerce［J］. IEEE multimedia，2005，12（4）：50-59.

提供者以显著的帮助。事实上，数字版权管理更多的是约束那些已经合法购买了数字内容的人们，其原因为以下两点。第一，以往的经验告诉我们，数字版权管理以及任何现有的拷贝保护系统都不能完全防止数字内容以一种无保护的形式被传播。第二，数字版权管理通过限制合法用户对内容修改的行为，人为地减少了数字内容的实用性。例如，通过版权管理对数字内容在播放次数、使用时间、刻录到 CD 上或与其他人共享等方面加以限制。于是，那些合法购买了具有数字版权保护的内容的顾客，不仅必须为内容支付费用，同时获得的还是一个与无保护的非法拷贝相比受限制的产品。

因此，仅仅依靠效率较低的版权管理保护技术，将合法购买内容的所有者置于弱势地位显然是难以获得成功的，必须有一种更好的方法来解决这一数字内容的拥有和出售问题。数字内容版权保护业应该更多地关注管理和保护所有权的地位，而不是管理和保护内容本身，即加强数字所有权管理（DOM）。与保护内容本身相比，对所有权信息的安全管理在技术上是可行的，这种管理可以简单地通过权威的数据库来支持。进一步来讲，那些合法购买数字内容的顾客与购买盗版的非法顾客相比，可以获得直接的益处。例如，合法的使用者能够在任何时间以任何方式下载他拥有的内容。所以，如果这些数字所有权服务是足够吸引人的，那么，顾客将愿意购买数字内容的所有权，从而可以大大减少通过非法方式去获得免费内容的人数。

事实上，使用者是希望对合法拥有的数字内容及使用权限等有一个清晰的认识和区分。主要的原因就在于内容的感觉价值依赖于想要得到它的费力程度，这和在真实世界去获得实物内容是一致的。一枚珍贵的邮票之所以珍贵，就在于它只有极少的合法拷贝。目前，许多歌曲或者视频内容几乎没有什么价值就是因为可以通过网络共享来免费获得。强调数字所有权这一概念，并将这一概念与购买数字内容的顾客的利益相联系，使顾客的基本需求得到满足：拥有了内容。数字所有权管理是充分考虑顾客需求的结果，而数字版权管理更多地定位于保护内容提供者的利益，但在某种程度上却损害了顾客的利益。因此，人们应该更多地从所有权的角度去考虑数字版权管理，通过对所有权的控制，消费者可以使用、分享和交易拥有的数字内容并认识到这些内容在全球范围的价值。

六、数字内容的所有权管理与服务

（一）数字内容所有权的价值体现

数字版权保护系统的不完善和人们乐于分享数字内容的传统习惯，使数字内容明显失去了其应有的价值，这主要是因为无损复制及低成本的分销渠道（如互联网或 CD、DVD）使数字内容能够被人们轻而易举地得到。虽然曾经有人试图建立新的版权保护方案，依法起诉那些分享数字内容的用户，却没有收到明显的成效。但不管怎样，数字内容对于合法的拥有者来说确是有价值的，主要体现在三个方面：所有权的法律依据、便利性和社会地位。

1. 所有权的法律依据。拥有数字内容的所有权，不仅使消费者无须担心受到任何法律制裁，还可以对数字内容进行自由交易，所以，数字所有权管理提供的一项基本服务是证明用户的合法性。

2. 便利性。如果服务只提供给合法者，那么，所有权的价值将得到提高。例如，所有权可以使合法者在任何时间、任何地点，以任何形式方便地下载歌曲和视频，或者获得表演者演唱会的门票等。

3. 社会地位。拥有所有权的合法用户明确表示了对艺术家的尊敬和支持，从而也提升了自己的身份。

（二）建立数字所有权管理与数字所有权服务的关系

数字所有权管理（DOM）可以通过数字所有权服务（Digital Ownership Services，DOS）体现其价值所在，有研究者提出了数字所有权管理与所有权服务的模型关系，描述了用户和内容提供者之间如何在 DOM 和 DOS 之间实现交互的 7 个步骤[①]，如图 2 所示。

---

① STINI M，MAUVE M，FITZEK H P. Digital ownership：from content consumers to owners and traders［J］. IEEE MultiMedia，2006，13：1-6.

1. 内容提供者在 DOM 上登记内容来吸引潜在的消费者，与此同时，DOS 为每个数字内容分配唯一的编号；

2. 内容提供者将内容提供给 DOS，以便为拥有内容所有权的用户提供服务；

3. 若用户对数字内容感兴趣，可以在 DOM 上注册，然后所有权管理者会分配给每个用户唯一的用户编号；

4. 为了拥有某个内容，用户需要购买所有权；

5. 购买所有权后，内容编号和用户编号才能相对应，用户才能通过持有的用户编号请求服务，如请求下载与其当前媒体播放器格式相适应的数字内容；

6. DOS 与 DOM 验证内容编号与用户编号是否对应；

7. 验证通过后，DOS 会为用户提供其请求的内容和服务。

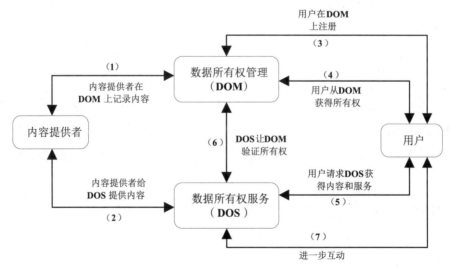

图 2　用户与 DOM 和 DOS 的关系模型

（三）数字所有权服务

实施有效的数字内容所有权管理可以提升数字内容的价值。基于所有权服务的商业模式可以采用不同的形式。一种是用户要想获得数字内容的所有

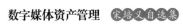
权，必须事先注册并支付必要的费用；另一种是对所有用户提供特定的免费服务，而通过数字所有权的营销来获取资金的支持。例如，对于免费的所有权服务，内容提供者要权衡利益关系：提供所有权服务所花费的成本是否会随着更多的用户对所有权的认知而带来所有权价值的不断提升，进而通过其他途径获得的资金支持能够抵消所花费的成本。

数字所有权服务的首要方面是让拥有者在任何平台、任何时间、以任何形式使用内容，因此，内容应该可以在不同的终端上浏览。以数字电影为例，如果用户拥有所有权，他就可以在手机上、个人电脑上，或者在宾馆的电视机上观看电影，但需要安装相应的数字内容服务器，或者进行必要的格式转换。

所有权服务的第二个方面是对收集和交易数字内容的支持，包括提供所有权、竞价出售或交换所有权。例如，用户可以不加限制地进行所有权的自由交易，以及能暂时性地将所有权转借给他人。这种服务的基本功能类似于现实世界的交易，如邮票、交易卡或者其他可收集的对象。但是，由于用户是在数字领域内交换，因而可以形成新的功能，如把多个内容对象组合成为一个新的、更有价值的对象。

所有权服务的第三个方面是要明确移动设备的使用，如 PDA、手机、笔记本电脑等，关键思想是让所有权的拥有者可以通过移动设备告知其他用户其所合法拥有的数字内容。一种简单的方式是在无线范围内让移动设备向所有其他设备用户发送其所拥有数字内容的相关信息，如果这个数字内容符合信息接收者的兴趣，移动设备会提示信息接收者是否对数字内容进行查询或接收。所有权的拥有者既可以发布其所拥有的内容，也可以保留其内容为私有。

目前，数字所有权管理和所有权服务仍面临许多挑战，最大的挑战就是对于所有数字内容和使用者来说，还没有全球性的权威机构来建立和维护内容的所有权信息。因此，要想使数字所有权服务进入实用化状态，必须首先解决好这一关键问题。其次是在数字环境下建立新的业务体系，推动和开拓市场，使人们认可数字所有权管理和服务并自觉地采取合法行动。

　　所以说，现阶段技术已经不再是阻碍数字所有权管理和服务前进的绊脚石，取而代之的是购买数字内容的所有者利益的协调问题。可行的所有权管理和有吸引力的所有权服务可以实现内容所有者之间的自由贸易，使内容的价值得到提升。虽然仍有许多问题有待解决，但数字所有权管理的应用前景还是十分被看好的。我们相信，当法律、技术以及经济杠杆达到一定程度的平衡，数字所有权管理会起到愈来愈大的作用，有版权保护的数字内容将得到迅速传播，使内容拥有者与购买者最大限度地赢得市场，实现共赢。

媒体数字内容资产的版权定价机制[*]

一、引言

媒体数字内容资产是指媒体组织拥有和控制的、版权明晰的、以数字化形式存储的、具有经济价值的各类内容资源，包括视音频节目、素材、图片、文稿等，它们大多具有较高的历史和社会价值。从使用方式来说，这些内容资产在市场上的售卖过程归根结底是版权交易过程。目前，除传统媒体的内容制作过程中常需要以往的素材或资料外，以互联网和移动电视为代表的新媒体对内容资源的需求极大。但从另一方面来说，国内各类媒体机构（特别是电视台）拥有的庞大内容资源却难以面向市场进行交易，究其原因，主要是人们还没有找到有效的方法来明确这些内容资产的版权价值，从而造成了这类资产价值的隐性流失。

实际上，从 20 世纪 90 年代起，国外的一些大型公司陆续开发了数字资产管理的相关解决方案，比如 IBM 的企业应用集成系统、惠普的数字媒体平台等，并且在 BBC、CNN 等大型媒体的内容资产管理中得到了应用。国外发达国家的数字内容资产价值链管理强调要在内容供应链与产品价值链的基础上，完善媒体贸易在媒体组织内部的小环流高效利用与面向全球市场的外部大环流开发销售相结合的内容产品流通方式。就国内而言，近些年各级电视

---

* 本文原载于《重庆社会科学》2012 年第 7 期，与孙江华合作，收入本书时有改动。

台也陆续斥巨资建设媒体资产管理系统，但目前对数字内容资产管理的研究主要还停留在技术系统的应用层面，如系统的建设、节目的数字化、内容存储、编目及内部的查询使用等，还缺乏科学的版权价值评估和定价机制来指导面向市场的开发和销售。

因此，深入研究和解决媒体数字内容资产的版权定价机制具有重要的理论意义与实际应用价值。第一，新媒体是建设现代文化市场体系的主要内容，解决好媒体内容资产开发利用中的核心问题——版权定价，将有力地推动新媒体内容产业的发展；第二，构建媒体数字内容资产的版权定价机理和策略对于特殊信息产品的定价问题具有高度的理论发展意义；第三，解决媒体数字内容资产的版权定价机制将为数字内容资产的拥有者通过各类媒体运营平台交易内容产品提供理论指导，以此来服务现代媒体的电视业务、IP 业务、交互业务、数据业务、移动业务等的开展，并创造新的价值增长点。

二、数字内容资产的版权定价机理分析

目前国外在媒体数字内容资产的版权定价和开发方面的研究也处于探索阶段，如，John Jordan 等人指出数字资产的深度开发有重要的商业价值[①]；Erick K. Clemons 等人给出了一般信息商品的市场分析和价值模型[②]；Edward Altman 等人从生态系统的角度，论述了数字资产存储、开发、服务和保护的关键问题[③]；等等。但这些成果也只是一些框架的描述，缺少成熟、系统的市场开发理论依据。

国内学者对于信息产品定价方法的研究主要有三种导向：（1）以信息产品

① JORDAN J，ELLEN C. Business need，data and business intelligence[J]. Journal of digital asset management，2009，5（1）：10–20.

② CLEMONS E K，LANG K R. The decoupling of value creation from revenue：a strategic analysis of the markets for pure information goods [J]. Information technology & management，2003，4（2–3）：259–287.

③ ALTMAN E,GOYAL S,SAHU S. A digital media asset ecosystem for the global film industry [J]. Journal of digital asset management，2006，2（1）：6–16.

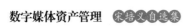
生产流通的成本和利润分析为出发点，寻求合理的定价方法；（2）以企业在市场中的竞争地位和竞争对手同类产品的价格为参照制定信息产品价格；（3）以顾客需求的差异化分析为出发点，实行差别定价。

（一）对信息产品三种定价导向的分析

1. 以生产和流通的成本和利润分析为出发点的定价方法

杨万停和靖继鹏从信息产品的生产成本、行业或社会平均利润及给购买方带来的效益三个方面来构建定价模型，并从研发风险、无形收益、无形损耗、垄断性等角度来设定参数[1]。类似的研究还有白云峰和靖继鹏提出的综合定价模型[2]。金允汶提出的信息产品的四种定价方法，分别为：按信息劳动工资盈利率定价、按信息成本盈利率定价、按资金盈利率定价、按信息产品与服务价值定价[3]。此定价方法的特点是操作简便，但具体操作时数据测算有一定难度，而且忽略了价格—销量—成本之间相互影响的关系，制定的价格容易偏高。

2. 以在市场中的竞争地位和竞争对手同类产品的价格为参照制定价格

王勇引用均衡分析理论，论述垄断竞争环境下信息产品价格形成的过程[4]。徐洪波认为在信息产品成本难以测定的情况下，市场中存在领导价格时，应追随竞争者定价[5]。该定价方法考虑了市场竞争因素，但对不同竞争者之间的成本差异、资源差异和市场需求差异考虑不够，而且往往以较低的边际收益为代价去获取短期内的竞争优势，容易被模仿且产生价格战。

3. 以顾客需求的差异化分析为出发点实行差别化定价

曾楚宏和林丹明提出信息产品应按版本和实效划分，进行差别定价[6]。王

---

① 杨万停，靖继鹏. 信息商品的价格模型研究 [J]. 情报科学，2003（9）：909–911.

② 白云峰，靖继鹏. 信息产品价格理论与实证研究 [J]. 情报学报，2003（10）：626–631.

③ 金允汶. 信息产品的定价策略研究 [J]. 情报理论与实践，1999（4）：3–5.

④ 王勇. 信息商品的价格形成：兼谈信息商品的经济特性 [J]. 情报理论与实践，1997（1）：20–25.

⑤ 徐洪波. 关于信息产品定价的探讨 [J]. 市场周刊. 财经论坛，2003（8）：56–57.

⑥ 曾楚宏，林丹明. 论信息产品的定价策略 [J]. 企业经济，2003（9）：178–179.

玮提出了信息产品的三级差别定价，并对每级差别定价进行了评论[①]。类似的研究还有吴晓伟、吴伟昶和徐福缘对信息产品的定价模式进行了研究，具体分析了在网络市场环境下竞争情报产品的一、二、三类差别定价模型及其表现方式[②]。刘会娟和吕萍详细分析了寡头垄断和垄断竞争市场条件下的信息产品的版本差别定价，并认为差别定价是信息产品定价最有效的方法[③]。付力力分析了在网络效应框架下信息产品的版本划分和定价决策[④]。李莹以微软产品为例，提出了个人定制定价、群体定价和版本定价等三种差别定价方法，并对差别定价的合理性进行了分析[⑤]。实际上，信息产品的成本结构决定了信息产品无法按边际成本曲线来定价，如果按边际成本曲线来定价，价格接近于零，厂商无法收回数额巨大的固定成本。另外，信息产品消费上的规模效应使边际效用递减规律失效，因此，信息产品也无法根据需求定价，生产商需要对顾客进行"细分"，进行差别定价。差别化定价被众多学者认为是信息产品定价的最有效方法和发展趋势。

虽然一些学者对信息产品差别定价的机理进行了详细分析，但大多注重理论研究，对于个体产品（如节目内容）的实证研究则较为欠缺，且差别化的基础多为产品特征、顾客外在特征、交易特征，而没有以顾客感知价值为导向细分市场和实行差别化定价。即传统的差别化定价方法虽考虑了顾客需求因素，但没有对影响顾客需求的内在因素即顾客感知价值进行深入分析。因此，当价格仅仅作为购买者支付意愿的反映时，就会产生两个问题：精明的买方不会轻易表露自己真实的支付意愿；营销的任务并非简单地以顾客当前愿意支付的价格销售产品，而应激发顾客以更符合产品真实价值的价格来购买产品。

---

① 王玮. 试论信息产品的定价策略 .[J] 情报科学，2001（12）：1319–1322.

② 吴晓伟，吴伟昶，徐福缘. 网络竞争情报产品差别定价策略和实证研究 [J]. 情报杂志，2004（9）：2–5.

③ 刘会娟，吕萍. 数字信息产品的定价机理研究 [J]. 价值工程，2004（2）：22–25.

④ 付力力. 网络效应下信息产品的版本划分和定价策略 [J]. 商业研究，2003（24）：75–78.

⑤ 李莹. 信息产品的定价方式初探 [J]. 图书情报知识，2004（6）：4–7.

（二）数字内容资产版权定价的依据——顾客感知价值

对媒体数字内容资产这种特殊的信息商品，其特定的成本结构及可重复利用性决定了无法按边际成本曲线来定价；数字内容资产的版权可被新媒体购买用来直接播出，也可被其他媒体机构购买作为资料素材，它的潜在购买者有很多类别，在版权的不同利用方式上，它们的效用体现也有很大差别。因此，对各类数字内容资产的售卖版权定价应该根据顾客的感知价值和需求实行差异化定价。营销学之父 Kotler 指出，日益增多的公司把它们的价格建立在产品的感知价值的基础上，利用营销组合中的非价格变量在购买者心中建立产品的感知价值，然后通过市场调研捕捉顾客的感知价值，并以此作为定价的依据[1]；哈佛商学院的 Benson P. Shapiro 等人在有关产品定价策略的研究中，提出营销者应以目标顾客对产品利益和购买成本的感知为基础制定价格[2]。国外的一些学者也对信息产品的差异化定价进行过相关的研究，如 Helmuth Cremer 等人研究了在社会福利最大化条件下向不同意愿的消费者执行非线性定价的问题[3]，Subodha Kumar 等人提出了采用最优控制理论根据不同的需求量对网络内容产品进行动态定价的机制[4]，Babu Nahata 等人提出了对异质用户和同质用户采取不同收费来提升总的社会剩余[5]，等等。

媒体数字内容资产是一种信息产品，具有高固定成本、低边际成本的特点。从经济学角度看，其边际成本曲线一直处于下降阶段，所以媒体内容产品不能依据其边际成本来定价，而必须依据内容产品的顾客感知价值，对顾客进行细分并实行差异化定价。媒体数字内容资产目前尚处在一个不成熟的

---

① 科特勒 . 营销管理：第 11 版［M］. 梅清豪，译 . 上海：上海人民出版社，2003.

② SHAPIRO B P，JACKSON B B. Industrial pricing to meet customer needs［J］. Harvard business review，1977，56（6）：119–127.

③ CREMER H，PESTIEAU P. Piracy prevention and the pricing of information goods［J］. Information Economics and Policy，2009，21（1）：34–42.

④ KUMAR S，SETHI S P. Dynamic pricing and advertising for web content providers［J］. European journal of operational research，2009，197（3）：924–944.

⑤ NAHATA B，RINGBOM S. Price discrimination using linear and nonlinear pricing simultaneously［J］. Economics letters，2006，95（2）：267–271.

市场中，也不存在完全竞争的市场条件，其供求关系和一般信息产品差别较大；而且数字内容资产具有明显的复杂性和特殊性，除制作成本外，智力资本、稀缺性、社会价值、价值成长性等要素均是其价值形成的关键因素。因此，在定价模型的考虑要素等方面，已有的信息产品定价方法不能完全适用。

在分析和借鉴上述学者观点的基础上，本文对媒体数字内容资产的版权定价方法采用了基于顾客感知价值的差别化定价方法，以适应媒体数字内容资产的特殊性。

三、数字内容资产的版权定价模型与方法

数字内容资产的版权定价必须依据其价值进行，从消费者行为学来看，媒体内容对顾客的效用量需要通过顾客感知价值来体现。顾客感知价值是顾客感知利得与感知利失的一种权衡，是一个动态的概念，如图 1 所示。我们可以将顾客感知价值作为内容资产版权定价的效用值，并以此指导版权定价方法的选择。

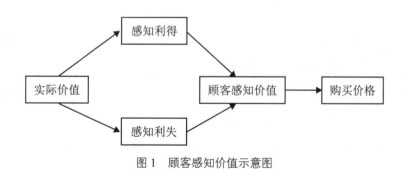

图 1　顾客感知价值示意图

本文提出对版权定价的基本思路是：通过对媒体数字内容资产的相关市场需求数据开展调研并细分顾客市场，依据差异化定价理论，运用模拟市场估价的方法，对各类顾客的感知价值进行抽样调查，并运用结合分析法（Regular or Traditional Conjoint Analysis，CA），建立数字内容资产的版权定价模型，以确定不同类型的媒体内容资产的效用值大小并把它作为其版权定价的依据。

（一）顾客感知价值模型及测定

通常，一个完善的媒体内容版权售卖体系至少包括播映版权、素材版权、新媒体开发权（如移动电视播映权等）、衍生产品开发权等。考虑到媒体数字内容资产的不同类型及用户的不同，可以在细分市场并采取差异化定价方法的基础上，建立顾客感知价值的加法模型：

$$CPV_k = \sum_{i=1}^{n}(Q_{ki} + P_{ki})$$

$$CPV = \{CPV_K\}$$

其中，CPV_k 是在对顾客细分的基础上针对第 k 类顾客的定价，Q_{ki} 和 P_{ki} 分别是第 k 类顾客对媒体数字内容第 i 个价值要素的利得及利失的价值评价。

（二）运用结合分析法确定主要要素的效用值

在对各类型的顾客感知价值（包括一般顾客和专业媒体内容使用机构）进行较大规模的抽样调查和分析的基础上，运用结合分析法分解并确定各属性及水平的单独效用。

结合分析是通过假定产品某些属性，对现实产品进行模拟，然后让顾客根据自己的喜好对这些虚拟产品进行评价，并采用数理统计方法将这些特性和属性水平进行分离，从而对每一个属性及属性水平的重要程度做出量化评价的方法。结合分析法的主要步骤如下。

1.确定属性要素以及要素水平。结合分析首先要对产品或服务的属性要素进行识别。这些属性要素以及要素水平必须是显著影响顾客购买的因素。确定了特征之后，还应该确定这些特征恰当的水平。例如，纪录片类型是纪录片这一数字媒体内容产品的一个属性，而目前纪录片的类型主要包括政论纪录片、历史纪录片、传记纪录片、生活纪录片、人文地理片、舞台纪录片、专题系列纪录片七类，所以主要包括这七个属性水平。属性与属性水平的个数决定了分析过程中要进行估计的参数的个数。

2.产品模拟。结合分析将产品的所有属性要素以及要素水平通盘考虑，并采用正交设计的方法将这些属性与属性水平进行组合，生成一系列虚拟产品。在实际应用中，通常每一种虚拟产品被分别描述在一张卡片上。

3. 数据收集。请受访者对虚拟产品进行评价，通过打分、排序等方法调查受访者对虚拟产品的喜好、购买的可能性等。

4. 计算属性要素的效用。从收集的信息中分离出顾客对每一属性要素以及要素水平的偏好值，这些偏好值也就是该属性的"效用"。

5. 市场预测。利用效用值来预测顾客将如何在不同产品中进行选择，从而决定应该采取的措施。

此处采用结合分析的方法，并以纪录片类的内容资产为例，研究顾客在选择纪录片时的因素价值偏好情况，通过顾客对纪录片这一媒体数字内容产品的重要属性（如纪录片的类型、稀缺性、历史价值、拍摄时技术水平、智力水平等）的权衡评价，计算出各属性不同水平的效用值和属性相对重要性，从而量化地了解影响顾客购买纪录片内容版权的主要因素及其效用值。

在实际操作中，不仅要设计虚拟产品卡片请潜在顾客进行打分或排序，而且要根据正交设计所组合出的需要各类顾客进行价值评价的纪录片产品属性和水平，从现有的有关电视媒体的媒体资产库中获取相应的真实的纪录片资料，召开专门的专家和用户看片会（例如，邀请 50 名左右的专家和用户组成涵盖各种类型的潜在顾客的评判小组），请他们根据个人的经验和感知对这些纪录片的价值进行估算，这将大大增加评价数据的可靠性。

（三）通过各要素价值确定数字内容资产的总效用值

根据专家和客户小组的综合评价结果，运用结合分析法分解出纪录片各属性和水平的效用值之后，对于其他所有纪录片产品，由这些属性重新组合而成的数字内容资产的效用值就可以利用下面的模型估计：

$$U(X) = \sum_{i=1}^{m} \sum_{j=1}^{k_i} b_{ij} X_{ij}$$

其中，$U(X)$ 是总效用值（顾客感知价值），b_{ij} 是第 i 个属性第 j 个水平的效用值贡献，k_i 是第 i 个属性的水平数，m 是属性数，X_{ij} 是指定不同属性的水平的哑变量。结合分析法会利用最小二乘法建立回归模型，估计该公式中 b_{ij}

的大小。由此，对于所有可划分的媒体数字内容资产的版权均可针对不同的细分市场估算出由各种属性和水平组合而成的内容资产的价值，并作为每一细分市场中数字内容资产版权定价的参考依据。一般来说，效用值高的定价也应该高。

四、数字内容资产的版权定价策略

在基于上述版权定价机理所确定的基本价格的基础上，针对不同的目标市场（如互联网、移动电视、手机等）和不同的受众群体，还应制定不同的版权定价策略。例如，除了所有权外，制定价格还要考虑地域限制、传输和传播方法、传输和传播时间、使用期限等限制因素。

（一）卡尔多 - 希克斯补偿理论的指导作用

在数字内容资产版权定价策略的研究中可以借鉴经济学中的卡尔多 - 希克斯补偿理论来指导定价策略，即在供需双方的总体利益平衡中通过补偿机制实现次优的平衡方案，如图 2 所示。

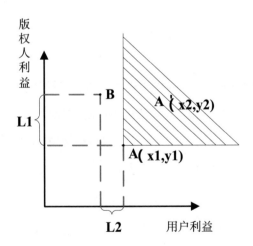

图 2 卡尔多 - 希克斯补偿理论示意图

假设原来数字内容资产版权售卖方与用户的平衡点是 A，按照帕累托最优理论，它被移动至 B 点的情况是不被允许的，因为帕累托最优理论指的是一项变动使社会上一部分人的境况变好并且其他人的境况并不变坏，那么变动是可取的。虽然数字内容资产版权售卖方的利益增加了，但是损害了用户的利益。只有在图中 2 阴影处的移动才被认为是合理的。但是卡尔多－希克斯补偿理论认为，只要售卖方增加的效用 L1 足以弥补用户减少的效用 L2，整个社会的总效用是增加的，其值等于 L1–L2 之后的剩余值。即新的平衡点 A' 不仅可以在阴影部分移动，还可以在更大的范围内移动，条件是要满足（x2+y2）＞（x1+y1）。只要满足这一条件，无论是数字内容资产版权售卖方的利益或是用户的利益，一方的增加值都足以弥补对方遭受的损失。

在帕累托最优状态下，任何变动都不会使任何一方的利益受到损害，因此，任何变动都会增加社会的总体利益。如果数字内容资产版权的售卖方能建立这样一种新的平衡体系，使得在新的平衡点上，较之原来的平衡点售卖方和用户的利益都没有受损，这样就可以达成一种较为理想的"双赢"方案，这种结果必然会被双方所接受，这可以作为构建售卖系统的最终目标。在现实的情况下，如果一时无法实现帕累托最优变动，可以考虑采用卡尔多－希克斯补偿理论，它允许以牺牲一方的利益来实现短暂的平衡。比如，在由于技术的发展或用户的选择限制还无法使得双方利益都能增加的情况下，可以考虑通过法律或管理因素，让已经得利的一方做出让步，减少得利方的利益来换取对方利益的大幅度增加，从而实现新的平衡；或者让法律和管理偏向明显弱势的一方，让对方做出一些让步来弥补该方受到的损失。

因此，在具有内容提供商、服务提供商、广告商以及消费者在内的这种多边市场中，合理有效的版权定价策略是协调各方之间利益平衡的关键，用户不愿也不应对技术为他们带来的数字内容资产的合法使用支付过多的代价。这就要求内容提供商和运营商在维权、保护自身经济利益的同时，也要懂得：一是"让利"于民，让用户直接得到经济上的实惠；二是"公平"于民，让用户和内容提供商具有平等的权利。

（二）版权定价策略

基于帕累托最优理论和卡尔多－希克斯补偿理论，具体的版权定价策略可以考虑按渗透定价、多重定价、捆绑定价等进行细分和拓展。

1. 多重定价

这种定价方法是指厂商对同一信息产品通过不同角度进行分割或组合，赋予不同的价格，从而实现市场细分。针对媒体内容产品，不同的人群对内容的需求和使用方式有很大的不同，因此，内容提供商和运营商可以针对个体之间的差异性和不同需求，制定不同的价格策略，从而使各类用户都可能去购买内容产品，由此挖掘数字内容资产潜在的巨大价值。这种定价策略细分了市场，可以拓展数字内容产品运营商的利润空间，提高了市场的效率。具体的定价方法包括个性化定价、版本定价、群体定价等。例如，可以根据用户特征的不同以及对内容价值的认知程度不同来制定不同的价格；还可以对稀缺性较高、具有珍贵价值的内容制定高价，而稀缺性较低的、容易模仿制作的内容则制定低价。

2. 捆绑定价

捆绑定价是指将同类内容产品捆绑在一起以低于单价总和的价格进行销售。例如，在线销售整张音乐 CD 曲目的价格低于将 CD 中的每首歌分开单卖的价格。这种定价方法可以以最低的交易成本将数字内容资产库中的内容重新组合、分类或者打包销售，允许内容提供商通过提供高度个性化的产品和服务更好地满足客户的需求。它最大的优点就是不仅减少了用户支付意愿的分散，增加了内容提供商的销售收入，还提高了用户的福利水平。

3. 拉姆齐定价

拉姆齐定价（Ramsey Pricing）是指一系列高于边际成本的最优定价。当某一商品或服务的价格提升所产生的净损失小于运用额外收入所产生的净收益，经济效率会提高。拉姆齐定价适用于受管制的企业（如公用事业，其利润的最高额是受限制的）和非营利企业（期望能补偿成本）。例如，在媒体组织提供的一系列内容产品和服务中，既有核心业务，也有一般业务，且其具有不同的投入产出函数特性。核心业务是媒体组织存在的主要价值所在，具有较大的消费者效用系数，能给消费者带来更多满足和消费者剩余，因而具有较大的社会效益，需要媒体组织切实提高其质量和水平；一般业务是提升核心业务水平的附加业务，其存在更多的是向媒体组织提供经济效益。拉姆齐定价充分把握信息商品的特点，合理利用两种业务的不同，通过对一般业务收取高于边际成本的费用，将额外收入用于资助核心业务的发展，使得一般业务价格提升产生的消费者剩余净损失小于运用额外收入产生的消费者净收益，从而增加消费者剩余，提高了资源的配置效率。

总之，数字化和网络市场与传统市场在市场特征、产品特征和消费行为等方面都存在巨大的差异，需要新的、适合于互联网环境的数字内容版权定价策略。例如，BBC 从中央电视台买了《故宫》的版权之后，将节目中的画面按"屋顶""门窗""房柱""庭院"等不同的主题分解，再将不同主题的画面放在"艺术画廊"网站上展示销售，甚至可以按帧抽取其中的单一画面销售，售价为每分钟内容 2000 英镑左右，经典画面为每分钟 2500 英镑。又如，苹果公司的 iTunes Store 除了提供线上音乐下载服务外（每首曲子 99 美分，较老的歌曲一般为 0.26 美元），也提供影片及电视节目的下载服务，为其 iPod 装置增添附加价值，除了提供免费预告片外也提供预购服务，强档新影片的价格为 14.99 美元，第一周过后变为 12.99 美元，较旧的电影则为每部 9.99 美元。

作为媒体组织的数字内容资产，其版权价格的确定应该是以消费需求为前提、以感知价值为基础、以竞争价格为参照。正确的战略顺序起始点是买方效用（由感知价值引发的需求），产品或服务要有令人信服的理由让大众去消费或购买。内容资产版权价格的制定主要是从市场整体来考虑的，它取决于需求方的需求强弱程度和价值接受程度，来自替代性产品的竞争压力程度；需求方接受价格的依据则是内容资产的效用价值和产品的稀缺程度，以及可替代品的机会成本。

目前，我国的数字内容资产市场还处于起步阶段，拥有海量数字内容资产的媒体组织需要先采用相对低价的定价策略来打开市场，再追求利润，目的是收益最大化，而不是价格最大化。通过以可支付的价格提供买方价值的

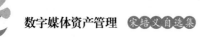

飞跃来创造新的总需求，扩大内容销售的市场空间，在此基础上再逐步规范和提高价格。

五、结论

本文通过以上分析得出以下主要结论：

（1）媒体组织开发和利用其海量的数字内容资产可以更好地为传统媒体和新媒体提供内容服务、创造价值并推动内容产业的快速发展。但面向市场开发和销售数字内容资产的前提是要对其版权进行科学定价，因此，研究并解决数字内容资产的版权定价机理具有重要的理论与现实意义。

（2）数字内容资产的版权定价必须依据顾客的感知价值进行确定。本文提出的方法是：通过对媒体数字内容资产的相关市场需求数据开展调研并细分顾客市场，依据差异化定价理论，运用模拟市场估价的方法，对各类顾客的感知价值进行调查，并运用结合分析法，建立数字内容资产的版权定价模型，以确定不同类型的媒体内容资产的效用值大小并把它作为其版权定价的依据。

（3）对于数字内容资产的版权定价策略，可以借鉴经济学中的卡尔多－希克斯补偿理论，即在售卖方和用户的利益之间难以实现"双赢"时，允许以牺牲一方的利益来实现一种较优的暂时平衡，如内容提供商和运营商可以适当让利于民。实际应用中具体的版权定价策略可以按多重定价、捆绑定价、渗透定价等进行细分和拓展。

数字媒体内容资产的版权定价方法[*]

一、引言

随着以互联网和移动电视为代表的新媒体的快速发展，对数字媒体内容资产的需求不断增加，市场化程度也在不断提高。数字媒体内容资产是指媒体组织拥有的，诸如视音频节目（素材）、图片、文稿及商业数据等各类以数字化形式存储的版权明晰的内容资源，它们大多具有极高的社会和商业价值。数字媒体内容资产交易的实质是版权的交易。通过版权开发来获取经济收益，国外已经形成了较好的商业模式，显示出巨大的市场空间。相关研究指出，数字资产管理市场在 2009 年就已经超过 5 亿美元，并且到 2014 年的年增长率会超过 20%[①]。

尽管国内广播影视等媒体机构拥有大量的内容资产，但目前还没有形成面向市场的完整的版权交易机制，主要原因是还没有找到有效的方法来明确这些内容资产版权的内涵价值，也没有形成科学合理的定价机理来指导其面向市场的开发和销售，造成了内容资产版权价值的隐性流失。这已经成为数字媒体内容资产进入市场交易的瓶颈，严重制约了数字内容产业的健康发展，

---

[*] 本文原载于《价格理论与实践》2014 年第 10 期，与曹树花和孙江华合作，收入本书时有改动。

[①] Widen Enterprises. How digital asset management can help achieve top marketing executives' 5 highest priorities [R]. Madison：Widen Enterprises，Inc，2010.

急需通过理论和实证研究尽快解决。本文通过对数字媒体内容资产的版权定价方法的比较分析，提出基于顾客感知价值的价值评估模型和定价方法，并通过理论和实证研究来探寻科学合理的定价机制以指导其面向市场开发和销售。

二、数字媒体内容资产的版权定价基本思路

借鉴已有的研究成果，本文在定价机理上参考了一般类信息产品的定价思路和方法。国内对于信息产品定价方法的研究有三种基本导向。（1）以企业在市场中的竞争地位和竞争对手同类产品的价格为参照，制定信息产品价格。该方法考虑了市场竞争因素，但对不同竞争者之间的成本差异、资源差异和市场需求差异考虑不够，且往往以较低的边际收益为代价去获取短期内的竞争优势，容易引发价格战。（2）以信息产品生产流通的成本和利润分析为出发点，寻求合理的定价方法。此方法操作简便，但数据测算有一定难度，而且忽略了价格—销量—成本之间相互影响的关系，制定的价格容易偏高。（3）以顾客需求的差异化分析为出发点，实行差别定价。该方法被众多学者认为是信息产品定价的最有效方法和发展趋势，但目前还没有对影响顾客需求的内在因素形成准确的定义。总之，上述三方面的研究成果大多集中在理论层面，并且没有涉及对于媒体内容等精神产品版权定价方面的实证研究。

国外学者也在探索数字媒体内容资产定价方面的问题，菲利普·科特勒认为，公司的产品应利用市场营销中的非价格变量在消费者心中建立起产品的感知价值，再通过市场调查获取顾客的感知价值，并以此感知价值作为定价的根据[1]；Babu Nahata 等认为，为了提升总的社会剩余，应对同质用户和异质用户采取不同的收费策略[2]；Cremer 等提出了在社会福利最大化条件下，如何对不同意愿的消费者实行非线性的定价[3]；Subodha Kumar 等依据最优控制

---

① 科特勒.营销管理：第 11 版［M］.梅清豪，译.上海：上海人民出版社，2003.

② NAHATA B，RINGBOM S. Price discrimination using linear and nonlinear pricing simultaneously ［J］. Economics letters，2006，95（2）：267–271.

③ CREMER H，PESTIEAU P. Piracy prevention and the pricing of information goods［J］. Information economics and policy，2008，21（1）：34–42.

原理，提出应根据网络内容产品需求量的不同采取动态的定价方法[①]。本文通过梳理国内外学者的研究成果发现，目前在数字媒体内容版权的定价模型和方法上，还没有可直接借鉴的成果。因此，我们要在参考前人定价思路的基础上，提出符合我国实际的定价方法。

三、数字媒体内容资产的版权定价方法比较

目前，可用于参考的媒体内容资产版权定价方法主要基于用户意愿、成本、供需方、收益四个方面。

（一）基于用户意愿的定价方法

基于用户尤其是个体用户对媒体内容产品定价的原则是调查观众的支付意愿且能使运营商获得最大利润的价格为最优价格[②]。该定价方法主要适用于音乐或视频网站，其优点是通过收集节目的点击量获得观众对各类节目的关注度，大众关注度在一定程度上反映了节目的价值，可以作为影响收看节目价格的主要因素之一。该方法的不足是没有从专业和技术的角度分析媒体内容资产本身的价值，如缺乏对内容本身的稀缺性、历史价值、潜在市场开发价值等因素的考察和评价。

（二）基于成本考虑的定价方法

重置成本法是对无形资产进行评估的一种常用方法。重置成本是指现在重新制作新产品所需要付出的全部成本。无形资产的价值构成主要由物质消耗费用和人工消耗费用构成，前者与生产资料物价指数相关度较高，后者与生活资料物价指数相关度较高，两类费用的大致比例结构可以按照生产资料

---

① KUMAR S, SETHI S P. Dynamic pricing and advertising for web content providers [J]. European journal of operational research，2007，197（3）：924-944.

② 刘忠阳，黄穗斌. 线上音乐定价之研究 [EB/OL].（2009）[2014-02-10].http：//www.docin. com/p-102499448.html/.

物价指数与生活资料物价指数估算。基于成本的定价方法预示着媒体内容的制作成本决定了价格的高低。一般而言，制作成本高的节目在制作质量方面也会有较好的表现。然而，媒体内容产品的交易双方往往更注重节目的再次播出效果和潜在开发价值，高成本制作的节目内容并不一定就能赢得受众的喜爱，所以制作成本不应成为影响价格的最主要因素。因此，以成本为依据的内容产品定价方法缺乏实用性。

（三）基于需求方和生产方综合因素考虑的定价方法

有学者认为数字信息产品的定价模型应由两部分构成：一是从生产方的角度定立定价公式，二是从需求方的角度找出影响定价的因素[①]。在生产方看来，能获得最大收益的价格即为最优价格，即单位产品的定价为利润、固定成本、变动成本及风险收益之和除以产品总量。从需求方看，影响内容产品的价格有五大因子：（1）梅尔卡夫原则系数，回答市场上潜在需求方的数量；（2）顾客体验效用系数，回答潜在用户转化为实际用户的可能性；（3）顾客锁定系数，回答买主忠诚度的问题；（4）信息产品版本划分系数，针对不同需求方的不同用途选取差别定价方法；（5）竞争对手定价系数，分析市场上已有的同类型产品的价格。这五大影响因子通过某种关系得到系数 K，最后产品的定价就是生产方定价公式与系数 K 的乘积。该方法充分考虑了生产方和需求方的需求和利益。但由于数字内容版权的成本结构与普通商品的不同，加上目前其交易市场尚未成熟，需求方的五大影响因子在实际应用中较为笼统、难以确定。

（四）基于收益现值法的定价方法

对一般无形资产的评估还可以采用收益现值法。收益现值法就是将内容产品在有效经济寿命期间每年的预期收益，用适当的折现率折现，累加得出评估基准日现值，即为资产总价值。收益现值法仅适用于对整体资产价值的大致核算，而不太适合对单独的数字内容资产（如某一节目或素材）的市场价值进行评估；而且由于数字媒体资产的构成复杂、类型较多，对涉及收益

---

① 范翠玲. 论数字信息商品的定价 [J]. 图书馆论坛，2006（2）：72–74.

和成本的各种评估参数的准确选取和预期比较困难，参数的精度难以把握，这都会影响计算的准确性。

上述四种媒体内容产品定价方法都有自己的特点和使用范围，但也存在明显的局限性，不能直接应用于数字媒体内容资产的版权定价，因此需要探索更适合的定价方法。在我国数字媒体内容资产版权市场尚不成熟、缺乏完全竞争的市场条件下，本文认为数字媒体内容资产定价的适应方法是：基于顾客的需求和感知价值，对市场进行细分并采取差异化的定价方法。

四、基于感知价值的结合分析法版权定价模型与实证分析

（一）定价模型

本文认为，用户的感知价值是影响内容产品版权定价的重要因素。顾客感知价值是指其感知利得与感知利失之差，体现媒体内容带给顾客效用量的大小。其具体计算公式如下：

$$CPV = \sum_{i=1}^{n}(Q_i + P_i) \tag{1}$$

其中，CPV 是对 n 个不同类型的用户抽样调查得出的某内容产品的感知价值，Q_i 和 P_i 分别是第 i 个用户对该产品的感知利得和感知利失。

本文提出一种新的定价思路，即基于顾客感知价值的结合分析法，建立数字媒体内容产品版权的价值评估模型：

$$U(x) = C + \sum_{i=1}^{m}\sum_{j=1}^{k_i} u_{ij}X_{ij} \tag{2}$$

其中，x 表示被评估的内容产品；$U(x)$ 表示总效用值（顾客感知价值）；C 为结合分析法给出的常数，意为价值函数的截距；u_{ij} 为第 i 个属性的第 j 个水平的单独效用贡献值；k_i 是第 i 个属性的水平数，m 是属性数；X_{ij} 为哑变量，且有

$$X_{ij} = \begin{cases} 1 & \text{当第 } j \text{ 个属性的第}i\text{个水平出现时,} \\ 0 & \text{当第 } j \text{ 个属性的第}i\text{个水平未出现时} \end{cases}$$

最后，利用曲线拟合的方法确定价值与价格的函数关系 $p = f(x)$。

（二）实证分析

本文选取纪录片素材作为实证研究的对象，定价方法的具体过程是：（1）构建纪录片素材的版权价值评估指标体系，确定属性及属性水平；（2）建立基于结合分析法的价值评估模型，确定版权价值；（3）利用拟合的方法确定价格和价值之间的关系。

1. 纪录片素材的版权价值评估指标体系构建

建立评估指标体系是为了确定纪录片素材的属性及属性水平，包括分析纪录片的版权价值特点，并组织行业专家与典型受众进行研讨和问卷调查等一系列工作。由于改革开放前后的纪录片素材在拍摄手段、拍摄成本、拍摄场地及画面质量等方面呈现不同的特点，因此，本文针对改革开放前和改革开放后的纪录片素材分别构建了一组评估指标体系，见表1。

表1 改革开放前、后纪录片素材的版权价值评估指标体系

一级指标	二级指标（属性）	指标等级划分（水平）	
		改革开放前	改革开放后
素材质量	1.拍摄年代	① 1949年12月31日（含）之前（包括国民影像）	① 1979年1月1日（含）—1999年12月31日（含）
		② 1950年1月1日（含）—1965年12月31日（含）	② 2000年1月1日（含）以后
		③ 1966年1月1日（含）—1978年12月31日（含）	
	2.内容类型	①新闻事件类	①新闻事件类
		②风景/场景/动物类	②风景/场景/动物类
		③人物类	③人物类
	3.画面质量（画面清晰度）	①一般（标清）	①高清
		②胶转数（清晰）	②一般（标清）
		③胶转数（较差）	③胶转数
	4.拍摄难度	①拍摄难度大	①拍摄难度大
		②拍摄难度一般	②拍摄难度一般

一级指标	二级指标（属性）	指标等级划分（水平）	
		改革开放前	改革开放后
素材质量	5.拍摄场合		①航拍（难度较大）
			②航天、深水
			③到达拍摄地的成本较高（如南极、非洲原始森林、白宫、故宫、中南海等）
			④普通场合
	6.通用性	①素材的通用性好	①素材的通用性好
		②有一定范围可通用	②有一定范围可通用
		③使用范围限制性强	③使用范围限制性强
	7.稀缺性	①唯一且不可再生	①唯一且不可再生
		②不可再生但非唯一	②不可再生但非唯一
		③可再现（但需要投入拍摄成本）	③可再现（但需要投入拍摄成本）

2. 纪录片素材的版权价值评估过程

根据表1中指标和指标等级的个数，形成改革开放前纪录片素材虚拟产品486个，以及改革开放后纪录片素材虚拟产品1296个。利用SPSS的正交试验设计功能选出"代表"：改革开放前、后分别得到18个和32个虚拟产品。本文作者主要组织了行业专家对虚拟产品卡片进行感知价值评价，评价对象是该卡片所展示的纪录片素材的版权再利用价值。打分范围为100～0分。其中，100～90分为非常优秀；90～80分为较优秀；80～70分为良好；70～60分为普通；60～40分为较差；40～0分为很差。根据专家和用户对虚拟产品的打分结果，创建并运行调查文件和语法文件，得到针对改革开放前纪录片素材相应的输出结果，见表2。为节省篇幅，这里略去改革开放后纪录片素材的输出结果。

表 2 改革开放前纪录片素材各指标的权重及各水平的单独效用贡献值

一级指标及权重	二级指标	单独效用贡献值	标准误
拍摄年代 23.32%	1949 年 12 月 31 日（含）之前 （包括国民影像）	3.75	0.35
	1950 年 1 月 1 日（含）—1965 年 12 月 31 日（含）	−1.857	0.35
	1966 年 1 月 1 日（含）—1976 年 12 月 31 日（含）	−1.893	0.35
内容类型 16.33%	新闻事件类	1.536	0.35
	风景／场景／动物类	−2.417	0.35
	人物类	0.881	0.35
画面质量 12.10%	一般（标清）	0.024	0.35
	胶转数（清晰）	1.452	0.35
	胶转数（较差）	−1.476	0.35
拍摄难度 0.15%	拍摄难度大	−0.018	0.262
	拍摄难度一般	0.018	0.262
通用性 8.41%	素材的通用性好	1.048	0.35
	有一定范围可通用	−0.06	0.35
	使用范围限制性强	−0.988	0.35
稀缺性 39.70%	唯一且不可再生	5.345	0.35
	不可再生但非唯一	−1.083	0.35
	可再现（但需要投入拍摄成本）	−4.262	0.35
（常数）		80.196	0.262

根据以上各指标对纪录片价值的贡献度，某纪录片素材的版权价值可由公式（2）确定。

3. 纪录片素材版权价值评估模型的用例分析

陈汉元制作的纪录片《收租院》中有一段人物采访的素材，其特点如下：拍摄于 1966 年（贡献值为 −1.893）；内容类型属于人物类（贡献值为 0.881）；胶片拍摄，画面较清晰（贡献值为 1.452）；拍摄难度一般（贡献值为 0.018）；有一定范围的可通用性（贡献值为 −0.060）；可再现，但重新拍摄需要投入成本（贡献值为 −4.262），并且采访的内容有较高的历史和文献价值。综上分析，该素材的版权价值为：

$$U（《收租院》采访素材）= C + \sum_{i=1}^{6}\sum_{j=1}^{i_m} u_{ij}X_{ij}$$

$$= 80.196 + (-1.893) + 0.881 + 1.452 + 0.018 +$$
$$(-0.060) + (-4.262)$$

$$= 76.332$$

4. 纪录片素材从版权价值到价格的变换

确定关系式 $P = f(V)$，且满足条件 $f' > 0$。这里采用两组极值点来确定价值与价格的线性关系，该定价方法是确定内容版权交易的基础价格；目前尚不能准确确定纪录片素材中间点价格的合理性。

首先确定 $V_{min}(x_1)$ 和 $V_{max}(x_n)$。根据价值评估模型，纪录片素材各指标的系数均为相应的最小值时，其版权价值为最低；取各指标的最大系数时，得到的内容的版权价值最大。以改革开放前纪录片素材为例：

$$V_{min} = 80.196 + (-1.893) + (-2.417) + (-1.476) + (-0.018) + (-0.988) + (-4.262)$$
$$= 69.142$$

$$V_{max} = 80.196 + 3.750 + 1.536 + 1.452 + 0.018 + 1.048 + 5.345$$
$$= 93.345$$

于是得到改革开放前纪录片素材的版权价值范围为 $[69.142, 93.345]$。同理，可以得到改革开放后纪录片素材的版权价值范围为 $[70.862, 89.101]$。上述取值范围仅针对一般意义上的素材，对于那些特别稀缺的素材，其内容版权价值的判断应单独考虑。

接下来确定 $P_{min}(x_1)$ 和 $P_{max}(x_n)$。假设改革开放前纪录片素材的版权销售

价格范围是 2400 ~ 9000（元 / 分钟），改革开放后纪录片素材的版权销售价格范围是 1500 ~ 8000（元 / 分钟）。

利用 SPSS 估计，得到改革开放前纪录片素材的版权价值与价格的线性关系：

$$P = 272.7 \times V - 16454.6$$

同样，可以得到改革开放后纪录片素材的版权价值与价格的线性关系：

$$P = 356.4 \times V - 23753.7$$

若素材资料没有任何价值（ $V = 0$ ），会损失前期投入。因此，关系式的截距为负值。

在前面的用例分析中，我们根据纪录片素材的版权价值评估模型对《收租院》的部分素材价值做了评估，其价值为 76.332。利用价值与价格的关系可计算出：

$$P = 272.7 \times V - 16454.6 = 272.7 \times 76.332 - 16454.6 = 4361.1364$$

即该部分素材的市场交易参考价格为每分钟 4361 元。

五、结论及启示

本文通过实证分析，得出如下结论和启示。

（1）数字媒体内容资产是一种特殊的信息产品，其版权价格必须依据其价值来制定。在建立版权价值评价指标体系时，针对不同节目（或素材）应分别建立指标体系，如纪录片、影视剧、综艺、体育节目等，以体现不同内容产品的不同特点，且指标体系的建立过程需要广泛征求行业专家和受众的意见，并与目前媒体内容版权市场的供需状况相结合，从而形成有针对性的、科学的评价指标体系，这是开展数字媒体内容资产版权定价的基础。

（2）本文提出的版权定价方法将定量分析和定性分析相结合，容易实现，且便于操作，并可以用计算机软件实现自动定价过程。可将该定价方法用于数字内容产品的交易平台，随着交易量的增长，逐步形成内容产品的版权价格库。对版权价格库所产生的内容产品价格进行分析和必要调整，将为其他同类内容产品的版权定价提供直接的参考。

（3）随着媒体融合的推进和手机电视、数字电视、移动电视等新媒体的发展，数字媒体内容产品交易越来越受到重视。由于目前数字媒体内容产品交易尚未形成规模，交易双方多数仍通过协商的方式达成价格意愿，该定价模型尚需要得到全面的实践检验。因此，这方面的实证研究工作还有进一步深入探索的空间。

数字媒体内容产品交易平台的定价策略*

一、引言

我国各类媒体组织媒体资产管理系统的建立，为数字媒体内容产品的在线交易创造了基本条件。以电视媒体为例，历史上积累的大量的以不同格式存储的模拟磁带节目内容，经过媒体资产管理系统的采集和处理，可以转化为数字媒体资产，并进行存储、编目、检索、传输和利用。数字媒体资产，是指媒体组织拥有和控制的、版权明晰的、以数字化形式存储的、具有经济价值的各类内容资源，包括视音频节目、素材、图片、文稿等，它们大多具有极高的历史和社会价值①。目前，除传统的广播电视等媒体在内容制作过程中常需要以往的内容作为素材或资料外，以互联网和手机等为代表的新媒体对内容资源的需求量极大。同时，虽然中国的各类电视媒体拥有着海量的内容资产，但它们还没有面向市场进行规模化开发和售卖，由此造成了这类内容资产价值的隐性流失。究其原因，目前缺少权威的、可信的媒体内容产品第三方交易服务平台是主要影响因素之一。

因此，为了满足基于数字媒体资产开发的内容产品需求方和供给方的交

---

* 本文原载于《新闻界》2012年6月（下），与王立秀合作，收入本书时有改动。

① 宋培义，王立秀. 基于数字媒体资产开发的电视内容产业价值链构建 [J]. 电视研究,2011（5）: 53–55.

易需求，完善的数字媒体内容产品交易体系亟待建立，以推动数字媒体资产的拥有者（如各级电视台）尽快地开发内容资产的价值，促进媒体内容产业的快速发展。在这样的交易体系中，数字媒体内容产品的交易平台具有关键作用，它将内容产品交易的买方和卖方连接起来，因此，我们可以将双边市场理论应用于数字媒体内容产品交易平台的定价策略研究中。本文将探讨数字媒体内容产品双边交易平台的特性及其不同发展阶段的定价策略。

二、数字媒体内容产品交易平台的双边市场基本结构

从市场营销的角度看，商品交易市场的形成要具备一些基本条件。这些条件包括：（1）消费者（用户）：用户需要或欲望的存在，并拥有其可支配的交换资源；（2）产品或服务：提供能够满足消费者（用户）需求的产品或服务；（3）交易条件：要有促成交换双方达成交易的各种条件，如双方接受的价格、时间、空间、信息和服务方式等。因此，交易条件对促成买卖双方达成交易是至关重要的。在现实的经济活动中就存在着一类提供交易条件的"平台"企业，这种平台企业通过制定不同的价格策略向两边用户提供相互补充的产品或服务，促使两边的用户在该平台上达成交易，而平台企业从中收取某种形式的费用。我们把具有这种市场结构形态的产业市场归属为"双边市场"。

关于双边市场理论，国外的 Rochet and Tirole[①]、Evans[②] 以及 Armstrong[③]等人的开创性文献研究积累，为我们后续的应用性研究提供了基准模型框架。目前，我国的数字媒体内容产品交易市场还处于不太成熟的初期阶段，但是其产业价值链结构已经较为完整。该产业具有双边市场的特征：（1）数字媒体

---

① ROCHET J C, TIROLE J. Platform competition in two-sided markets [J]. Journal of the European economic association, 2003（4）: 990-1029.

② EVANS D S. The antitrust economics of multi-sided platform markets [J]. Yale journal on regulation, 2003, 20（2）: 352-382.

③ ARMSTRONG M C. Competition in two-sided markets [J]. Rand journal of economics, 2006, 37（3）: 668-691.

内容交易平台充当中介角色，为两类截然不同的客户（内容提供商和内容需求方）建立联系；（2）交易平台两边的用户通过平台产生交易，获得各自的利益，平台为此收取一定的费用。在价格总水平不变的情况下，交易平台通过调整价格结构，向内容需求方收取一定的费用，并与内容提供商按照一定的比例分成来增加交易量。各方的收益随着加入该平台的双边用户数量的增加而增加。

数字媒体内容产品交易平台的双边市场特征可抽象为图1，该交易平台只是向内容提供商和内容需求方提供接入服务这样一个中介平台，真正的交易活动是在内容提供商和内容需求方之间进行的，内容提供商通过交易平台制定内容产品的销售价格。交易平台的功能就是将尽可能多的两边用户吸引至平台，减少双方的搜寻成本，使双方可以在更大范围内接触到交易的潜在对象，并为两者的交易创造条件、提供服务，从而使双方都享受到价值。实际上，双边市场结构中的交易平台是其核心部分，平台的行为对于用户行为以及平台的定价策略、市场份额等有着重要影响。

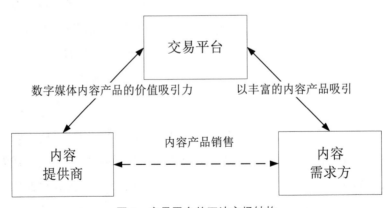

图1　交易平台的双边市场结构

如图1所示，数字媒体内容产品交易的双边市场存在交易平台、内容提供商和内容需求方三个主体的相互作用。

（1）交易平台向两边用户提供基础平台服务，其定位是"信息中介＋服务提供"。首先，交易平台是一个交流和买卖的平台，它整合了内容提供商和内容需求方的信息和资源；其次，交易平台为接入平台的双方提供稳定的、高质量的网络平台，提供个性化的、方便快捷的会员制服务。交易平台则通过它所提供的服务向双边用户收取适当的服务费。

（2）内容提供商构成了双边市场中的"卖方"。它的基本定位是针对不同的组织及个体消费者的需求，挖掘、创新、设计、开发内容产品。内容提供商不仅向内容需求方提供已有的高质量的内容产品或素材，还可以有意识地进行市场调研，根据需求方的反馈进行相应的内容产品创新和生产。

（3）内容需求方构成双边市场中的"买方"市场。根据不同内容提供商所提供的数字媒体内容产品，它们选择满足自己需求的产品。内容需求方的效用随着加入平台的内容提供商的增多而增大。

三、数字媒体内容产品交易平台的双边市场特征

（一）交易平台的网络外部性特征

在数字内容产品交易平台的市场中，存在交叉网络外部性和自网络外部性，这是由内容提供商和内容需求方交互活动的相互影响产生的。内容提供商在交易平台上提供的内容产品越丰富，质量越高，到平台上消费的用户就会越多，内容提供商所获得的价值就会越大，此时，内容提供商也就越愿意向该平台提供内容产品。因此，在内容产品交易平台中，一边用户规模的变化与另一边用户接入平台的意愿或效用存在正相关性，这就是内容产品平台的交叉网络外部性的表现。一般而言，内容产品交易平台的交叉网络外部性是正的。

在内容产品市场中，另一种网络外部性就是自网络外部性。当接入平台的卖方数量越多，他们面向终端用户的竞争将会越激烈，从而导致他们交易成功的可能性降低，因此，这种卖方的自网络外部性通常是负的。而内容产品平台交叉网络外部性告诉我们，这一情况对于平台的买方而言却是比较有利的。

（二）交易平台的需求互补特征

在交易平台中，买卖双方对平台的服务需求存在着显著的互补性特征，这种互补性指的是平台两边客户的总体需求互补性，即买方的存在需要卖方在平台上同时出现，卖方接入平台也同样需要有买方需求的支撑。所以，内容需求方的存在需要平台上有足够多的内容产品可供选择，而内容提供商的介入也同样离不开一定数量内容需求方的存在。因此，交易平台中缺少任何一方都不可能完成交易，另一方接入平台的需求也就不可能存在。

四、数字媒体内容产品交易平台定价的影响因素分析

影响双边市场定价策略的因素有以下几点：

（1）双边的需求价格弹性。双边市场定价往往会对弹性较小一边的价格加成比较高，而对弹性较大的一边价格加成比较低，比如会对内容产品提供商收取较高的费用，对购买方收取较低的费用，或者是对购买方免费，通过广告商的收入进行补贴。

（2）收回成本。交易平台的固定成本投入一般都较高，因此应该在一定时间期限内收回投入的成本并实现盈利。

（3）网络外部性。网络外部性越强，平台两边定价的不对称性也就越严重。在追求强网络外部性的条件下，平台的一边甚至可能会出现负价格。例如，当用户一边的数量足够大时，平台可以对内容产品提供商收取较高的费用，而对用户实行免费。

（4）两边收费的难易程度。在平台某一边的收费可能会比较困难，如网站较难向网页浏览者收费。在买方用户还没有形成为购买数字内容产品额外付费的习惯时，需要平台运营商和内容提供商采取相应的营销策略（如补贴）来鼓励买方用户使用交易平台，同时可以向广告投放者收取广告费来获得相应的收入。

（5）平台观察用户参与和交易量的难易程度。平台可能较难观察到用户的参与程度和交易量，在这种情况下，平台会倾向于一次性收费，如注册费；

但是，如果平台具有完善的交易收费系统，则倾向于按内容产品具体的交易量收费。

（6）互联互通。竞争性平台（如信息中介和电子商务平台）之间的互联互通可以提高效率和社会福利，用户接入一个平台，就可以访问互联平台的所有信息资源，扩大了买方用户的选择范围。从平台定价角度看，平台为了收回互联互通的成本，通常会适当提高收费价格。

（7）平台的不同发展阶段。在交易平台的不同发展阶段，采取的定价策略也应不同。在平台发展初期，为了发展双边用户的数量，增加平台的网络外部性，必然会采取低价或免费策略来吸引用户。当平台的双边用户发展到一定规模进入稳定期后，依靠平台提供的优质服务来吸引和扩大双边用户，此时的定价策略会趋向于基于平台的成本定价考虑。

五、交易平台不同发展阶段的定价策略

数字媒体内容产品双边市场交易平台定价的核心因素就是双边用户规模产生的网络外部性。而网络外部性的强弱会随着平台的发展、平台两边用户规模的变化而变化。因此，平台在不同的发展阶段对于定价策略的选择也是不同的。从交易平台的双边市场特征来看，其发展阶段可分为成长期和成熟期，或者说是客户聚集阶段和稳定发展阶段。

（一）客户聚集阶段的定价策略

在初期的市场培育阶段，交易平台上两边的用户都不是很多，并且无法判断需要优先聚集哪边的用户，因此，在初期阶段，要采用适当的价格策略引导，可采取免注册费或是收取低价的注册费的方式，主要通过收取交易费来实现盈利。

在双边客户聚集阶段，如果不采用适当的价格策略引导，由于交易平台双边自发发展起来的用户规模都还相当有限，双边用户通过交易平台获得的效用不显著，导致平台对双边用户的吸引力弱小，进而恶性循环影响交易平

台的发展。因此，在客户集聚阶段，平台运营商必须解决平台内容提供商和内容需求方两边网络规模互相牵制的问题。

基于经济学的均衡理论，双边交易平台中一边用户会因为另一边用户网络规模过小而无法进入稳定的大网络均衡区域。因此，无论是出于双边交易的内容供给方和需求方，还是交易平台的自身利益，平台服务商在发展初期，都应尽可能以低收益来扩大其网络规模。而平台的定价策略是解决这一问题的关键因素之一。因此，平台运营商应尽可能通过宣传和承诺内容提供商的预期规模来吸引其消费者，同时给予内容需求方某些内容免费试用、捆绑赠送等补贴方式，免除内容需求方对于双边交易平台的使用费，以吸引更多的内容需求方登录双边交易平台，逐渐培养内容需求方通过平台购买内容产品的习惯。

所以，在双边客户聚集阶段，平台运营商的目标是要在成本尽可能低的情况下聚集更多的双边用户，使内容提供商和内容需求方都突破不稳定的关键点，进入网络均衡区域。该阶段的定价策略见表1。但需要注意的是，一般双边交易平台实行免费或补贴策略的时间不能太长，否则平台的运营将难以维持。

表1 双边交易平台客户聚集阶段应采取的定价策略

	定价策略		注意事项
	内容产品需求方	内容产品提供商	
客户聚集阶段	免费、补贴策略为主。通过免费的策略吸引大量的用户，增加平台的网络外部性。	少量费用或免费，吸引和聚集内容提供商，以增加可提供内容产品的数量。	在聚集客户阶段，平台以扩大用户规模为主，优先补贴和聚集网络外部性强的一边，尽可能以低收益来扩大其规模。但此阶段不宜太长，否则交易平台难以支持。

（二）稳定发展阶段的定价策略

当交易平台双边用户聚集到一定临界规模、进入稳定发展阶段后，媒体内容提供商和内容需求方都相对稳定在一定的数量上。由于网络规模的扩大，扩大的交叉网络外部性使得双边客户都可以获得一定的利益。而对于平台来说，此阶段的目标是在提供好服务的基础上追求利润的最大化，这时，双边交易平台必须转向对内容需求方和内容提供商收取使用费的收费策略，否则平台没有利润将难以长期运营。对平台两边的内容需求方和提供方可采取收取注册费或交易费，或注册费加交易费两步制收费的策略。定价策略总结如表 2 所示。

表 2　双边交易平台稳定发展阶段应采取的定价策略

	定价策略		注意事项
	内容产品需求方	内容产品提供商	
稳定发展阶段	注册费	注册费	对双边的用户采取一次性收费的策略将不利于新用户的进入。
	交易费	交易费	按照内容产品的交易量收取费用，一般来说随着交易次数的增多，交易费用应适当降低，这种策略有利于鼓励用户进行交易。
	两步制收费（注册费＋交易费）	两步制收费（注册费＋交易费）	当平台提供的服务对双边用户具有较高的价值时，可考虑采取两步制收费，即结合注册费和交易费两种方式（缴纳注册费后还需要为单次交易付费），此种定价策略可提供"会员免交易费"的产品来吸引用户注册。

六、结论

随着我国各类媒体组织数字资产库的建立，通过建立数字媒体内容产品交易平台，制定科学合理的平台定价策略，将激发媒体组织和各类用户通过交易平台进行数字内容产品的交易，充分挖掘数字内容资产的价值，推动我国内容产业的繁荣和发展。数字媒体内容产品交易平台的定价策略应先以提升服务、吸引更多的双边客户为出发点，然后再考虑盈利问题。具体操作中

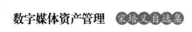

的策略归纳为如下三点。

（1）平台不论采用注册费、交易费、两步制收费哪种具体组合策略，都要注意把握平台一边的资费费率水平与另外一边用户的网络外部性强度和用户规模的关系，运营初期可能采用零价格甚至负价格。

（2）随着用户规模的扩大和预期交易次数的增多，可降低注册费以逐步吸引更多的用户到平台来注册，平台应逐步转向通过收取交易费盈利，同时也应降低平台的单位交易费率来吸引用户在平台上增加交易次数。

（3）数字媒体内容产品交易平台有其特殊性，包括平台双边用户的市场结构、数字媒体内容产品特殊的属性、网络外部性等多个方面，应根据交易平台发展的具体特征，适时调整策略，以产生规模效应。

第三方交易平台与数字内容提供商之间的收入分配模式[*]

一、引言

数字媒体内容产品交易平台是向内容提供商和内容需求方提供接入服务的第三方交易平台，主要作用是提供信息服务、促成供需双方达成交易。交易平台的目标就是将尽可能多的双边用户吸引至平台，减少双方的搜寻成本，使双方可以在更大范围内接触到交易的潜在对象，并为两者的交易创造条件、提供服务，从而使双方都享受到价值[①]。

如图1所示，数字内容产品交易的基本市场结构存在三个主体的相互作用。

（1）交易平台。交易平台向两边用户提供基础平台服务，其定位是"信息中介+服务提供"。首先，交易平台是一个交流和买卖的平台，它整合了内容提供商和内容需求方的信息和资源；其次，交易平台为接入平台的双方提供稳定的、高质量的在线网络平台，提供个性化的、方便快捷的会员制服务；

---

* 本文英文版原载于国际会议论文集 *2014 International Conference on Education, Sports and Management Science*（ICESMS 2014），与刘丹丹和曹树花合作，收入本书时采用中文版。

① SONG P Y，HUANG Z W. Research on bilateral market pricing strategies for trading platform of digital media content products［C］// International conference on management of e-commerce and e-government. IEEE Computer Society，2012. DOI：10.1109/ICMeCG.2012.12.

最后，交易平台具有交叉网络外部性，即一边用户规模的变化与另一边用户接入平台的意愿或效用存在正相关性。交易平台则通过它所提供的服务向供需双方用户收取适当的服务费。

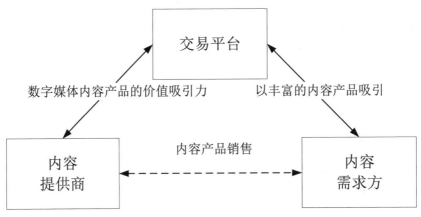

图1 数字内容产品交易平台的基本市场结构

（2）内容提供商。它的基本定位是针对不同的组织及个体消费者的需求，挖掘、创新、设计、开发内容产品。内容提供商不仅向内容需求方提供已有的内容产品或素材，还可以有意识地进行市场调研，根据需求方的反馈进行相应的内容产品创新和生产。

（3）内容需求方。根据不同内容提供商通过交易平台所提供的数字媒体内容产品，它们选择满足自己需求的产品。内容需求方的效用随着加入平台的内容提供商的增多而增大。

在这样的市场结构中，内容提供商和内容需求方是市场形成的主要参与者，而处于领导地位的交易平台具有技术优势和行为主动性，是创造收入的重要力量[1]。因此，首先要处理好交易平台与上游内容制作方或提供商之间的收入分配模式，它是整个内容产业链健康、稳定发展的关键因素。以下是我们构建的对称信息下和非对称信息下的收入分配模型，通过分析模型得到交

---

① ROCHET J C，TIROLE J. Platform competition in two-sided markets［J］. Journal of the European economic association，2003（4）：990-1029.

易平台构建的基本原则。

二、对称信息下的收入分配模型

对称信息下，交易平台能够观察到内容提供商的努力程度。内容提供商将拥有版权的各类数字内容交予交易平台，交易平台通过给下游客户提供相应的内容服务来获取收益。

模型中，π 表示总收益，它与双方的投入及市场情况有关系；

f 表示事件发生的概率，即交易平台获得总收益为 π 时的概率；

$s(\pi)$ 表示内容提供商获得的收益，假设双方签订线性提成合同，即 $s(\pi) = s_0 + b \times \pi$，其中 s_0 为固定报酬；

α 表示内容提供商付出的可以观察的努力，如所提供内容制作的精良程度、价格优势、品牌影响力等；

c 表示内容提供商付出的可以观测到的成本，如所提供节目内容的时长等；

v 表示交易平台获取收益给交易平台带来的效用；

u 表示内容提供商获得收益给企业带来的效用，v 和 u 是利润的单调增函数；

$\bar{u}$ 表示保留效用，即内容提供商若不将节目内容交由交易平台获得收益带来的效用。

信息对称条件下的收入分配模型是：使交易平台在一定约束条件下实现自身期望效用的最大化。

$$\max_{s(\pi)} \int v[\pi - s(\pi)] f(\pi, a) \mathrm{d}\pi$$

$$s.t. \int u[s(\pi) - c] f(\pi, a) \mathrm{d}\pi \geq \bar{u}$$

构造拉格朗日函数：

$$L(s(\pi)) = \int v[\pi - s(\pi)] f(\pi, a) \mathrm{d}\pi + \lambda \left\{ \int u[s(\pi) - c] f(\pi, a) \mathrm{d}\pi - \bar{u} \right\}$$

对 $L(s(\pi))$ 求导，并令其为零，得到：

$$L'(s(\pi)) = (-1)v'[\pi - s(\pi)]f(\pi, \alpha) + u'[s(\pi) - c]f(\pi, a) = 0$$

最优化一阶条件为：

$$\frac{v'(\pi - s^*(\pi))}{u'(s^*(\pi) - c))} = \lambda$$

于是，得到不同收益情况下双方效用的关系式：

$$\frac{v'(\pi_1 - s^*(\pi_1))}{v'(\pi_2 - s^*(\pi_2))} = \frac{u'(s^*(\pi_1))}{u'(s^*(\pi_2))}$$

即不同状态下的边际替代率对交易平台和内容提供商是相同的。这是典型的帕累托最优条件。

由此，得到结论一。帕累托最优配置原则：在对称信息下交易平台和内容提供商在不同状态下收益间的边际替代率相等。

特别的，如果交易平台是风险中性的，即 v' 是常数，则：$u'(s^*(\pi_1)) = u'(s^*(\pi_2))$，则有 $s^*(\pi_1) = s^*(\pi_2)$，它意味着最优的收益分配方式是：内容提供商在各种状态下获得的收益都是相同的，交易平台承担全部风险。

三、非对称信息下的收入分配模型

通常情况下，交易平台常常不能观测到内容提供商的行为，即存在信息不对称性。内容提供商的行为一般有两种：一是可以观测到的行为，由其能力（资源）决定，与努力程度无关；二是不可观测的行为，是由内容提供商的努力程度决定的。

由于交易平台的主要任务是整合内容资源，寻找下游客户，提供版权买卖服务，实现价值最大化，它是面向产业价值链各合作方开放的，其行为特别依赖主观努力。而交易平台的成本，如搭建平台、存储设备、网站维护、人力资本等是固定投入，不因每笔交易而增加。因此，对于内容提供商来说，交易平台行为的不可观测性更大，为了方便计算，假定交易平台的成本全部是不可观测的行为导致的。

（一）基本模型

假定 α_1、α_2 分别表示交易平台和内容提供商付出的努力程度，假设成本与努力程度成正比，并可以用努力程度代替成本给企业带来的基本效用。

交易平台的成本，即不可观测到的成本为 $c_1(\alpha_1)$。

内容提供商的成本由两个部分组成：努力程度决定的不可观测成本 $c_2(\alpha_2)$ 和可观测行为决定的成本 c_0，其中 $c_{1'} > 0$，$c_{1''} > 0$，$c_{2'} > 0$，$c_{2''} > 0$。

假设 θ 是指与企业努力程度无关的外生随机变量，表示所有条件决定的市场情况。

f 是概率分布函数。

交易平台和内容提供商选择努力程度 α_1、α_2 后，考虑外生变量 θ，共同决定总收益 $\pi(\alpha_1, \alpha_2, c_0, \theta)$。

π 是 θ 严格增函数（较高的 θ 代表有利的自然条件），π 是 α_1、α_2 的严格递增凹函数。

交易平台与内容提供商依然签订线性提成合同：$s = s_0 + b \times \pi$，其中 s_0 为固定报酬。

交易平台所得利润为：$R = \pi - s(\pi) - c_1(\alpha_1)$，此时，交易平台的效用函数为：$v(R)$，且有 $v' > 0$，$v'' < 0$。

合作企业所得利润为：$W = s(\pi) - c_2(\alpha_2) - c_0$，相应的效应函数为：$u(W)$，且有 $u' > 0$，$u'' < 0$。

非对称信息下的收入分配模型的思想是：以最大化交易平台期望效用作为收入分配模型的目标函数，将内容提供商期望效用最大化作为约束条件。

其中，约束条件包括两个部分：第一，任何企业都希望通过合作提高自己的效用，没有企业愿为降低自己效用合作，所以，在交易平台上注册的内容提供商的期望效用应该大于保留效用。设内容提供商不加入交易平台获得的收入为 W_0，相应的保留效用为 $u(W_0)$。第二，在任何收入分配机制下，内容提供商会选择自身的努力程度从而使自身期望效用最大化。

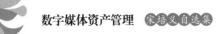

此时，收入分配模型可以表示如下[①]：

$$\max_{s(\pi)} \int v(R)f(\pi, \alpha_1, \alpha_2)d\pi$$

$$s.t.(IR)\int u(W)f(\pi, \alpha_1, \alpha_2)d\pi \geq u(W_0)$$

（IC）求 α_2，使 $\int u(W)f(\pi, \alpha_1, \alpha_2)d\pi$ 最大。

代入努力程度和成本之后：

$$\max_{s(\pi)} \int v[\pi(\alpha_1, \alpha_2, c_0, \theta) - s(\pi) - c_1(\alpha_1)]f(\pi, \alpha_1, \alpha_2)d\pi$$

$$s.t.(IR)\int u[s(\pi) - c_2(\alpha_2) - c_0]f(\pi, \alpha_1, \alpha_2)d\pi \geq u(W_0) \qquad （1）$$

（IC）求 α_2，使 $\int u[s(\pi) - c_2(\alpha_2) - c_0]f(\pi, \alpha_1, \alpha_2)d\pi$ 最大。

（二）模型分析和结论

IC 约束亦是一个最大值问题，可以用这个最大值问题的一阶条件代替条件（IC）。

IC 条件的一阶形式为：

$$\int \{u[s(\pi) - c_2(\alpha_2) - c_0]f_{\alpha_2}'(\pi, \alpha_1, \alpha_2) + u'[s(\pi) - c_2(\alpha_2) - c_0](-1)c_{2'}(\alpha_2)$$

$$f(\pi, \alpha_1, \alpha_2)\}d\pi = 0$$

以此式来代替（IC）条件。

求解（1），构建拉格朗日函数：

$$L(s(\pi)) = \int v[\pi(\alpha_1, \alpha_2, c_0, \theta) - s(\pi) - c_1(\alpha)]f(\pi, \alpha_1, \alpha_2)\}d\pi +$$

$$\lambda\{\int u[s(\pi) - c_2(\alpha_2) - c_0]f(\pi, \alpha_1, \alpha_2)d\pi - u(W_0)\} + \mu\{\int \{u[s(\pi) -$$

$$c_2(\alpha_2) - c_0]f_{\alpha_2}'(\pi, \alpha_1, \alpha_2) + u'[s(\pi) - c_2(\alpha_2) - c_0](-1)c_{2'}(\alpha_2) \qquad （2）$$

$$f(\pi, \alpha_1, \alpha_2)d\pi\}\}$$

求导，并令其为零，得到：

$$L'(s(\pi)) = v'[\pi - s(\pi) - c_1(\alpha_1)](-1)f(\pi, \alpha_1, \alpha_2) + \lambda\{u'[s(\pi) - c_2(\alpha_2) - c_0]$$

$$f(\pi, \alpha_1, \alpha_2)\} + \mu\{u'[s(\pi) - c_2(\alpha_2) - c_0]f_{\alpha_2}'(\pi, \alpha_1, \alpha_2) + u''[s(\pi) - c_2(\alpha_2) -$$

$$c_0](-1)c_{2'}(\alpha_2)f(\pi, \alpha_1, \alpha_2)] = 0$$

存在 $\lambda^* \geq 0$，$\mu^* \geq 0$，使得一阶条件成立：

$$\frac{v'(\pi - s - c_1)}{u'(\pi - c_2 - c_0)} = \lambda^* + \mu^*\left[\frac{uf_{\alpha_2}'(\pi, \alpha_1, \alpha_2)}{u'f(\pi, \alpha_1, \alpha_2)} - u''c_{2'}\right]$$

---

① 黄龙生，吴志松.概率论与数理统计［M］.杭州：浙江大学出版社，2012.

结论二：在非对称信息情况下，最优契约不可能导致帕累托最优的风险配置，交易平台可能会诱使内容提供商做出比帕累托有效水平更高的努力。

内容提供商的努力偏离帕累托有效水平的程度与该企业努力程度 α_2 的可观测程度成正比，即如果内容提供商的努力程度越不能被观测到，交易平台越趋向于诱使其付出更多的努力。

一般来说，交易平台比内容提供商更愿意承担较大风险。假定交易平台是风险中性的，即期望效用等于期望收益，没有风险成本；而内容提供商是风险规避型的，收益中的风险会为企业带来额外的风险成本。假定风险规避系数为 k（$k > 0$），这里引入 VaR（Value at Risk）的概念，指风险价值或在险价值，指在一定的置信水平下，某一金融资产在未来特定的一段时间内的最大可能损失。则风险成本为：$c = \dfrac{1}{2} k^* \text{Var}(s) = \dfrac{1}{2} kb^2 \delta^2$。

于是，上述（1）模式的等价形式为：

$$\max_{s(\pi)} (1-b)(\pi) - c_1(\alpha_1) - s_0$$

$$s.t. (\text{IR}) \, s_0 + b(\pi) - \frac{1}{2} kb^2 \delta^2 - c_2(\alpha_2) - c_0 \geq W_0 \qquad (3)$$

（IC）α_2 使 $s_0 + b(\pi) - \dfrac{1}{2} kb^2 \delta^2 - c_2(\alpha_2) - c_0$ 最大

IC 条件的一阶形式为：

$$bf_{\alpha_2'} - c_{2'} = 0 \qquad (4)$$

可以以此式代替 IC 条件。

结论三：b 是整个产业利润中，内容提供商所得的利润比例（交易平台对内容提供商的激励），若 $b = 0$，合作过程中内容提供商的努力程度 $\alpha_2 = 0$。

证明：令 $b = 0$，则（3）中的（IC）式变为：α_2 最大化 $s_0 - c_0 - c_2(\alpha_2)$，$s_0$ 为事前合同中的固定报酬部分，则内容提供商实现效用最大化的方式是付出最小成本。由于 c_0 是可预测的，不能节省，故内容提供商会选择最小的 $c_2(\alpha_2)$，即 $c_2(\alpha_2) = 0$。又由于努力程度与 $c_2(\alpha_2)$ 成正比，故其努力程度 $\alpha_2 = 0$。

结论四：内容提供商所占收入份额 b 越大，内容提供商愿意做出的努力也越大；而交易平台愿意做出的努力程度越小。

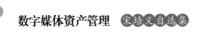

结论五：交易平台与内容提供商之间存在利益冲突。

由于有 $\frac{\partial \pi}{\partial \alpha} > 0$ 和 $c' > 0$ 同时存在。前者意味着交易平台希望内容提供商努力程度越大越好，而后者则表示内容提供商希望少付出努力。所以，除非交易平台设定足够好的激励措施，否则内容提供商不会像交易平台希望的那样付出努力。

同样，结论三的分析表明，内容提供商收入份额的增加对交易平台整体收益也有较大影响。内容提供商所占收入份额 b 越大，愿意付出的努力也越大；而交易平台愿意做出的努力程度则越小，这也反映了两个企业的利益冲突。

四、结论

本文从对称信息情况和非对称信息情况两个角度，论述了内容产业链上的交易平台与上游内容提供方之间的收入分配模式问题，从而得出交易平台良性运营要遵守的几点原则。

（一）合理分担风险原则

交易平台主导内容产业链签订合理的风险分担合同，在对称信息下，如果交易平台承担风险的能力较强，应该由其承担全部风险。在非对称信息情况下，交易平台应该签订诱使内容提供商做出高于帕累托最优努力的契约，才能实现自身的效用最大化。

（二）利润分配均衡原则

通过调整内容提供商所得的利润比例（b 的大小）控制内容提供商的努力程度。

当发现内容提供商不愿提供更优质内容资源和客户等信息时，首先考察是否因为 b 的设置不合理造成的，可以通过调整 b 的大小来增强其努力程度。

当然，若 b 调整过大就会损害交易平台的利益，所以交易平台要合适地调整 b 的大小来协调好整个平台的运行。这方面可以借鉴全球移动互联网电信运营商制定的分配政策和分配比例，通常内容提供商和电信运营商有关业务信息服务费分成比例范围在 90∶10 到 60∶40 之间。

（三）集体利益最优原则

防止内容产业链各方为了争夺产业内部利润而损害集体效用。

内容提供商与交易平台之间有着利益上的冲突，这是它们之间存在矛盾的根本原因。因此，交易平台应建立既能保证交易双方都能获得合理的利润、又能防止双方争夺整体效用的机制，毕竟二者之间的矛盾是次要的，利益是主要的。交易平台应该鼓励合作者一起把市场做大，提升"增量"，而非争夺仅有的"存量"市场，以此维持合作关系的稳定。

（四）协商原则

在常见的交易过程中，利润分配经常表现为各方的协商、议价，这有助于合作双方了解彼此的需求，不断提升满意度，也在一定程度上保证了分配的公平公正。在做出最后的决策之前，合作双方应留有足够的时间进行商讨，双方可以从自身的角度提出初始的利润分配方案，最后通过协商达成一致。

基于商业生态系统的数字媒体内容版权交易平台[*]

一、引言

版权交易是传统媒体和新兴媒体所共同面临的迫切需要解决的问题，涉及内容的合法采集、传播、交易、保护等产业链中的环节，设计和构建好版权交易平台是进一步促进媒体融合、提升我国文化软实力的必经之路。2019 年，习近平总书记在十九届中共中央政治局第十二次集体学习时强调，推进媒体融合发展，要坚持一体化发展方向，通过流程优化、平台再造，实现各种媒介资源、生产要素有效整合，实现信息内容、技术应用、平台终端、管理手段共融互通，催化融合质变，放大一体效能，打造一批具有强大影响力、竞争力的新型主流媒体。在媒体融合背景下，坚持"内容为王"，对数字内容版权交易平台运营模式进行研究，是推进传统媒体与新媒体一体化、多元化和平台化建设的重要举措。

目前，国内以广播电视为代表的媒体组织已建立了一大批媒体资产管理系统，数字化后的媒体内容版权管理聚焦于资源整合、组织、编目、访问、检索、获取以及开发利用，但面向市场的版权交易服务平台还不成熟，缺乏

---

* 本文原载于宋培义专著《数字媒体资产管理及版权开发研究》，中国广播影视出版社 2021 年 5 月出版。

行业内资源整合、跨机构的协作和有效的商业运营模式。主要问题是已有的所谓版权交易平台，其整合资源、版权交易服务及主动开发市场的功能十分有限，缺乏"价格发现"（指买卖双方在给定的时间和地点对一种商品的质量和数量达成交易价格的过程）的基本功能和市场调节作用；现有的版权交易分散经营，关联度不高，不能产生规模效应，且在信息对接、价值服务、降低成本、权益保护等方面尚不完善。进一步整合和开发我国海量的数字媒体内容版权资源，亟须从商业生态系统的角度构建数字媒体内容版权的交易模式，并解决相关问题。

二、基于商业生态系统视角的版权交易平台定位

商业生态系统这一概念的提出人穆尔认为，商业生态系统是以组织和个人的相互作用为基础的经济联合体，生产出对消费者有价值的产品和服务[①]。Kim 等则指出商业生态系统通过众多具有共生关系的企业合作创造单个企业无法独立创造的价值[②]。还有学者指出，生态系统为及时获得在本组织之外开发的新知识和技术提供了途径，从而使本组织可以专注于自己的核心能力，并通过合作伙伴更好地利用其他领域的专业知识和资源，这对在高科技产业中取得竞争成功至关重要[③]。Khan 等则提出社交媒体通过建立在线关系改变了组织与消费者之间的互动动态，这些动态渠道正在挑战传统单向营销有效性的信念，探讨社会媒体内容在生态学框架内的扩散，可以增进对现有社会网

① 穆尔. 竞争的衰亡：商业生态系统时代的领导与战略 [M]. 梁骏，杨飞雪，李丽娜，译. 北京：北京出版社，1999.

② KIM H，LEE J N. The role of IT in business ecosystems [J]. Communications of the ACM，2010，53（5）：151–156.

③ HYYSALO J，LIUKKUNEN K. Fenix：a platform for digital partnering and business ecosystem creation [J]. IT professional，2019. DOI：10，1109/MITP. 2018. 2876981.

络服务维度的理解①。

当今世界是一个基于价值网络、相互联系、相互依赖的世界。媒体组织发展应建立在价值网络的基础上，以新的商业模式为基准，合作、专业化和提供多方共赢的平台是实现成功的关键。一般来说，成熟的商业系统包括四个方面的必要条件：一是构建各组织和利益相关者的共生关系，让真正有价值的产品成为组织核心竞争力的基础；二是拥有核心团队，持续在供应商、竞争者、客户和利益相关者中拓展生态系统的边界；三是对生态系统拥有绝对的权威和控制力，这取决于组织持续不断的创新能力；四是确保商业生态系统能够持续提高效率和效果，不断改进技术和功能，防止生态系统退化。因此，构建基于生态系统的数字媒体内容版权交易平台，需要对市场环境进行详细的调查和分析。重点需要关注四个定位方向：对数字媒体内容资源进行多方位的整合集聚，以满足规模化的要求；满足被忽视的那部分市场需求，提高缝隙市场的价值创造能力；创新和开发新的内容产品、新的服务并推向市场；通过商业模式的创新，改变现有市场的竞争格局，创造新的产品和服务，以此提高整个市场的运行效率。创新的商业模式可以成为平台企业甚至行业发展的推动因素。

目前，我国数字媒体内容版权交易平台尚不成熟，探讨基于商业生态系统的数字媒体内容版权交易平台的建设问题，不仅具有理论意义，更具有重要的实际应用价值，这对加快媒体内容版权资源的整合、提升管理理念、创新商业模式、拓展更大的市场空间等都具有重要的作用。

三、数字媒体内容版权交易平台生态系统的基本结构

强调数字媒体内容版权交易平台的生态环境，就是要用一种新的思维方式来考虑如何将生态学理论应用到媒体内容产业链进行内容资源的管理和开

---

① IMRAN K，HAN D P. Variations in the diffusion of social media content across different cultures：a communicative ecology perspective［J］. Journal of global information technology management，2017(4)：156–170.

发应用。一个良好的版权交易平台生态环境不但要有结构设计和信息技术，还要包括内容战略、政治因素、行为因素、伙伴关系、市场定位、支持性工作人员、业务流程和盈利模式等。其特点在于强调各种类型信息和版权内容资源的集成；强调认识交易平台生态环境的发展演变；强调参与各方的作用和利益平衡等。

本文基于媒体内容产品的特殊性，构建了数字媒体内容版权交易平台的基本框架（如图1所示），探讨在媒体融合背景下数字内容版权交易平台的定位、构成要素及运营机制，主要目标是通过设计版权交易平台的结构模型和业务流程，围绕版权交易平台构建"生态圈"，利用服务和应用吸引和"粘住"多方用户，以实现多方共赢的运营模式解决方案。

图1 数字媒体内容版权交易平台基本框架

版权交易平台应该结合媒体内容产业战略来设计结构模型和业务流程，不仅要关注双边市场中的利益相关者，还需要关注与他们相关的产业利益群体，将内容产业链中各方利益相关者的经营模式进行有机组合，进而实现价值最大化。所以，版权交易平台运营首先要确定平台的战略定位，再从商业模式的角度对平台所涉及的不同环节的资源整合和运营机制进行分析。在上游管理架构部分，需要考虑内容市场的定位、合作伙伴、数字版权内容整合和处理机制等；在下游客户管理部分，要明确销售渠道、目标客户、客户关系等；在财务管理部分，要研究成本结构、定价方法和策略、盈利模式；在交易平台服务功能部分，需要设计如何通过云计算、大数据和相应的功能模块实现更好的内容产品服务、版权保护、用户体验和价值主张。

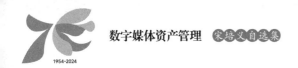

四、版权交易平台的关键要素分析

构建数字内容版权交易平台所涉及的关键因素包括市场定位、平台架构、内容价值链、定价策略、盈利模式以及相应的生态环境建设等多个方面。

（一）多边市场定位

构建数字内容版权交易平台要考虑的首要问题，是确定用户群体都有哪些，并了解他们的真实需求。数字媒体内容产业链分为上游、中游、下游三个部分，内容制作是上游部分的核心，涉及内容创作者、内容制作商等版权方；内容加工、发行和传播是中游部分的主体，涉及传统零售发行商、服务运营商、各种销售渠道和传播媒介；内容消费者是下游部分的终端，以机构用户和个人消费者两类为主，可见整个产业链由多边群体构成。由于版权交易平台存在网络外部性，其发展的关键是以丰富的内容产品吸引机构和个人用户，再以不断增大的用户规模、使用频率来吸引更多的版权所有者或内容制作商。

在多边市场中，某两个群体之间会产生跨边效应。比如，用户往往受到价格因素的影响，希望与版权人直接交易，即交易平台不可能完全割裂多边市场中某两边的交易或合作。但由于交易平台所能提供的服务，除了整合和聚集了大量的内容资源外，还可以增加原有内容产品不具备的一些内容，或是提供某种个性化的增值服务。例如，国外的影视剧经由该平台系统处理、人工语言翻译之后，就可以供国内用户方便收看。因而，版权交易平台在设计阶段，应该倾向于向版权人或内容制作商靠拢，一种方法是通过对数字媒体内容产品的版权购买和再加工，使得该平台在多边市场中不再受制于某两边群体互相转化所带来的风险。

（二）版权交易平台的业务体系和功能结构

1. 交易平台的基本业务体系

数字媒体内容版权交易平台的业务体系主要由四个部分构成：基于云平

台建设数据存储中心，为数字内容版权交易服务提供强大的技术支持；拓展与内容生产商、渠道商的合作范围，聚合国内外数字版权资源，形成多种产品和服务，丰富数字内容产品库；建设功能强大的版权交易服务平台，为数字版权服务提供完善的电子商务运营环境；加强内容提供方与内容需求方之间的价值双向转化，形成平台自己的核心竞争优势。

在内容产业链的上游，与国内外的影视节目制作公司、电视台等媒体构建内容产品销售分成的盈利模式，通过平台与它们的业务对接、资源互换、渠道共享，为众多的内容提供者打通海内外的销售渠道。在内容产业链的下游，面向国内外的各类媒体机构和个人用户开展内容产品销售，还可以将数字内容产品进行深度加工，利用内容拆解、内容重组、专业分类、编目、检索、翻译等构建多元化的数字内容产品服务体系。换言之，交易平台就是以版权内容资源为基础，形成内容聚合、数字化处理、增值开发、信息和内容产品创新、版权贸易等多种功能集于一身的数字版权综合服务体系。

数字内容版权交易平台的高效运营，还需要建立一支强大的用户服务团队进行管理，并运用大数据技术对每个地域、每种类型的用户行为进行信息采集、调查分析，逐步形成强大的用户数据库，通过系统化的客户关系管理系统，提升营销效率，进一步扩大平台的话语权和市场份额。平台与客户形成的"黏性"关系，反过来还可以促进交易平台与上游内容提供商的协商、合作和交易，在双边市场中形成较强的交叉网络外部性。交叉网络外部性主要指在交易平台中，一边用户规模的变化对另一边用户接入平台的意愿或效用的影响，两者之间存在正相关性，而要形成这种正向的交叉网络外部性的基础是必须有足够的数字版权内容资源，形成强大的规模效应。

2. 交易平台的功能结构

版权交易平台是向内容提供方和内容需求方提供接入服务的一个第三方平台，主要功能是提供信息服务、版权内容代理、相关增值业务等，进而促成供需双方达成交易。图1所示的结构涉及了内容提供商、交易平台和内容需求方三个方面，也可以有第四方（版权担保机构）等的加入，它在此起到监督其他三方的作用，保证版权的正常流通和各方的权益。

版权交易平台为内容提供方和内容需求方所提供的服务，包括登记注册、安全认证、版权代理等基本功能，此外，还应包括电子支付、电子合同文档自动生成、数字内容自动分发、收入自动分账等高级功能。内容需求方可在交易平台上根据自身需求选择版权使用方式、支付方式等，通过交易平台的支付系统完成购买版权的付费，此时平台将生成具有法律效力的电子合同文档，规定内容提供方和需求方的权利，相应的数字内容产品也会即时传向内容需求方。

由此可见，版权交易平台的目标就是将尽可能多的内容提供方和内容需求方吸引至平台，提高双方的搜寻效率，让双方更容易接触到交易的潜在对象，共享平台服务产生的价值。

（三）定价策略

1. 定价权问题

交易平台的版权内容定价主要有三种模式：一是媒体内容的版权拥有者定价，交易平台在此基础上适当加价再销售给用户，将获取的差价作为盈利的来源之一；二是交易平台与版权拥有者协商定价，明确双方利润分成的比例和原则，交易平台将版权内容销售给用户；三是交易平台首先购买内容的版权，然后再自主定价销售。

版权内容的定价权可以来自不同的市场参与者，定价权不但受到内容产品本身的优劣和受欢迎程度的影响，还受到市场交易量、市场参与者的心理预期等因素影响，并且与市场竞争状态密切相关。在完全竞争市场中，处于内容产业链下游的需求方在定价方面占有优势，具有一定的议价能力；在寡头市场中，处于上游的内容拥有方更占有优势。因此，获得内容版权定价权的基本原则是，在确保资金充裕的前提下，首先辨别市场竞争状态，通过对供需双方市场竞争实力的估计，战略性地向内容提供方或销售渠道端进行资本渗透，将产业链上下游优势资源进行整合，通过内容版权和市场份额互相呼应，进一步扩大议价优势。

2. 价格结构

数字媒体内容版权的定价目标是追求平台和多边群体的利益最大化，或者说是寻求各方利益主体的一个平衡点，促进利益相关者共同发展。有效定价的前提是对客户行为和需求进行充分的调研，而不是简单地响应客户讨价还价的要求。当客户提出价格过高时，其原因既有可能是竞争对手的价格相对较低，也有可能是客户对内容产品的特质了解不够，从心理预期上，认为价格与可获得的使用价值不相称，或者认为内容产品无法充分满足他们的需求。交易平台应对价格的合理性持续关注和分析，并尽可能使定价位于合理的价值区间，这将有效提升交易达成的概率。将产品的价格结构和其本身的传递价值挂钩，是内容产品定价应遵循的基本原则。

交易平台的不同客户服务需求各不相同，有的关心内容质量、内容时长，还有的关心内容的时效性、交易的便捷性、支付方式的可选择性等。设计复杂的服务功能来满足多方需求对平台的发展至关重要，但平台在这些技术功能和服务水平上的提升，将会使其成本大大增加。因此，除了针对不同类型的客户开发新产品或组合成不同产品，应最大限度地实现相同产品的多次销售，以有效地降低运营成本，实现利润最大化。大多数的机构用户更加关注整体效益的最大化，即使有替代品出现，他们也愿意为最好的产品和最好的服务支付溢价，因此，机构用户的忠诚度相对较高，需求较为稳定；而个人用户更加倾向于接受满足他们基本需求的低价内容，有时为了追求低价而愿意放弃某些需要付费的服务。因此，交易平台需要对用户的需求进行细分，并能够提供差异化的产品，相应地对价格结构进行划分。如果对规模较大的机构用户和小的媒体用户，甚至个人用户采取单一的定价标准，交易平台就会面临要么承担较低的利润、要么仅得到较低的市场份额这样的后果。

如果价格结构以利润驱动为主，那么，除了将价格视为可变因素，还要制定与价格相符的产品标准和供给方式。例如，在现有的数字内容产品基础上，对内容产品进行二次加工，这种增值服务可以在很大程度上让客户愿意为此所增加的成本买单。交易平台需要为价格变动创造和寻找适当的增值服务内容，并把它转变为可量化的指标。例如，对数字内容产品进行拆解和组合、专业分类、翻译等深加工。此外，交易平台还应考虑将由差异化定价策略所获取的部分利润与平台价值链中的多边群体进行分享，最大限度地激励各方的积极性，吸引更多客户参与平台交易。

（四）盈利模式与利润分配原则

交易平台所涉及的每一方都是理性的"经济人"，只有当通过该交易平台能产生收益或带来价值时，相关的组织和个人才会选择加入，所以该交易平台运营的关键就是如何创建一种好的盈利模式并将带来的收益，公平、合理地分配给利益相关方。

1. 盈利模式

作为版权付费方的各类用户仍然是交易平台的主要收入来源。一般来说，机构用户普遍对价格的敏感度较低，价格弹性对其刺激较小，愿意为增值服务买单，是平台中的主要目标客户。但不论是机构用户还是个人用户，交易平台的盈利模式都应结合平台发展的不同时期来确定[①]，基本原则如下。

第一，依据经济学的均衡理论，双边交易市场中，一边用户会因为另一边用户的网络规模过小，而无法进入稳定的大网络均衡区域，所以交易平台在发展初期，应尽可能以低收益甚至补贴模式来扩大其网络规模。可以制定由平台和机构用户作为补贴方、个人用户或小的机构用户作为被补贴方的策略，交易平台初期的补贴模式是促使平台生态圈成长的核心策略之一。

第二，在初始的进入期，交易平台应通过免注册费用、降低交易费费率来刺激平台双方用户的交易意愿，再通过改进平台的匹配技术来刺激用户在平台上的交易次数。这个阶段重点是市场培育，加强客户的聚集能力，增强用户"黏性"。广告位的售卖也可以成为此阶段的利润之一，但要注意广告商的选择应与交易的内容产品相匹配。

第三，注重核心用户的培养，了解用户的需求并保持与用户的良好互动。

---

① SONG P Y，HUANG Z W. Research on bilateral market pricing strategies for trading platform of digital media content products［C］// International conference on management of e-commerce and e-government. IEEE Computer Society，2012 DOI：10.1109/ICMeCG.2012.12.

随着交易平台的发展和知名度的提高，应着手差异化战略和朝向增值服务方向发展，并逐渐设置不同的收费方式，原来的被补贴方也将逐步承担相应的费用，比如收取适当的会员费等。增值服务可以多样化，既可以为内容提供方提供版权价值评估、检索关键字设置等服务，还可以为内容需求方提供个性化推荐、套餐折价等服务。增值服务还可以结合当下的主流技术，创造全新的用户体验。

第四，从战略规划来看，交易平台的发展方向是要扩大规模，其核心竞争力在于掌握的核心资源和技术，并有足够的能力和条件吸引内容产业链的上游来提供内容。对内容的创作者和版权拥有者而言，平台是内容交易和变现的重要渠道，不但可以提高交易效率，还可以提升顾客的购买体验，并利用大数据技术实现更大程度的精准营销。在平台运营达到规模效益后，平台应引导版权拥有方投入更多的体验式产品的预算，这样可以使他们的利润弹性变大。

第五，对于交易平台而言，无论是内容资源，还是用户资源，都必须积累到一定规模才有可能实现盈利。交易平台应不断积累用户信息和行为特征，建立客户关系管理数据库，开展有针对性的用户行为分析，并把数据挖掘和大数据分析技术列入初期的重点开发计划，这将使平台企业在长期竞争战略中获得主动权。

2. 利润分配的原则

处理好版权交易平台与版权拥有者之间的利益关系，对交易平台的长期发展至关重要。通过建立对称信息下和非对称信息下的收入分配模型①，可以得出二者的利润分配应遵循的基本原则。

第一，集体利益最优原则。内容提供方与交易平台之间存在着利益冲突的矛盾。因此，交易平台应建立既能保证双方都能获得合理的利润、又能防

---

① SONG P Y, LIU D D, CAO S H. Income allocation model between the third-party trading platform and digital content providers [C] // SSEMSE, 2015. DOI: Conference Article/5af2f12a c095d70f18a9fb17.

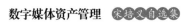

止彼此争夺整体效用的机制，以维持双方合作关系的稳定，共同把市场做大。

第二，协商原则。利润分配应由各方协商和议价决定，这有助于合作双方了解彼此需求和意愿，提升满意度。在做出最后决策之前，合作双方应留有足够的时间就各自初始提出的利润方案进行商讨，最后通过协商达成一致。

第三，与贡献一致原则。在进行利润分配时，应该对各方投入的有形和无形资产进行科学的评估，将资源总投入作为核定利润分配的依据，且所有的资源投入都应是可量化的（比如以现值形式体现），这样才能将资源投入与贡献率和利润分配结合起来。

五、版权交易平台商业生态系统的产业链延展

版权内容交易平台所能支配和调动的资源是有限的，市场范围也是有边界的。交易平台应结合媒体产业战略设计和创新商业模式，不仅关注双边市场中的利益相关者，还关注与这些利益相关者相关的另外一些产业利益群体，这样才会发现更大的市场空间，使产业链中不同利益相关者的不同商业模式得到有效组合，实现价值空间最大化。换言之，交易平台要为共生体划定一个更大的生态圈，通过建立一种良好的生态环境，为更大范围的客户带来创新服务和价值传递，从而实现在更大的边界内提高效率、分享价值。在商业模式创新的过程中，我们应把交易平台的利益相关者、利益相关者的相关者也考虑进来，包括客户的客户、内容提供商的提供商、竞争对手等，逐步形成更大范围的商业生态系统。此外，一些具备独立投入产出、独立利益诉求的利益相关者等组织也应划进这一生态范围，比如支付平台、系统集成商，以及投资者、非盈利诉求的政府管理机构和研究组织等。

从本质上讲，商业模式、利益相关主体、多个领域的互补方、产业生态环境是层层拓展的。短期来看，交易平台与直接利益相关者、直接交易群体产生联系；但从生态系统的视角长远看，我们应进一步关注其他一些群体，从而将商业模式拓展到更深层次的价值链中，为市场和盈利空间的扩大奠定更广泛的基础。

电视剧播后分项价值及综合价值评价模型构建研究[*]

中国电视剧经过半个多世纪的发展，在内容策划、拍摄技术、制播流程、商业运作等方面都取得了长足的进步。随着电视剧市场的变革，电视剧的生产正在向着"工业化"的方向迈进，剧作质量已经成为市场和受众对电视剧作品的核心要求。2017 年，国家新闻出版广电总局、国家发改委、财政部等五部委联合下发的《关于支持电视剧繁荣发展若干政策的通知》，对加强电视剧创作规划、建立和完善科学合理的电视剧投入分配机制等方面提出了指导性意见[①]。2020 年，国家广播电视总局举办电视剧高质量发展座谈会，会议提出要健全电视剧质量管理机制，建立有效的管理体系。电视剧的播后价值评价是电视剧质量管理的重要一环。从全局视角看，电视剧播后价值评价是国家相关部门对电视剧这一文化产品在市场进一步流通过程中进行管控的参考依据；从局部视角看，电视剧播后价值评价能够为投资风险评估、版权交易、资产定价等提供实践意义上的参考。

---

* 本文原载于《传媒经济与管理研究（第 11 辑）》，南京大学出版社 2022 年 12 月出版，与张晶晶、孙江华合作。

① 五部门关于支持电视剧繁荣发展若干政策的通知［EB/OL］.（2017–09–09）［2021–12–20］. http://www.gov.cn/xinwen/2017–09/09/content_5223939.htm.

一、文献综述

我国现有电视剧评价体系较为多元，不同评价主体所关注的侧重点也不同，评价过程多是基于经验的，这就导致评价结果缺乏科学性。有研究认为，我国电视剧评价体系重点从拍摄资源、内容表现等固有因素与收视表现、营收效果等不确定因素两方面进行评价[①]；电视剧播后评价主要侧重于对电视剧传播价值与营收状况的总结分析，传播价值反映行业专家及影视受众对传播效果、内容价值、社会影响等效果的评价，营收状况评价主要由播出平台、广告合作、数据公司等有关机构执行，对电视剧形成相应的核准、排名、奖惩与制播结算[②]。电视剧版权成本的弱对应性、收益的不确定性和交易数据的难以获得性使得电视剧版权价值评价变得十分困难，成为制约电视剧发展的瓶颈之一。

电视剧市场价值评价相关研究中，王宪以电视剧本质为出发点，提出电视剧市场价值由社会性、立意性、专业性、商业性等维度共同构成[③]。此外，学者们尝试多种方法探索电视剧市场价值评价。李方丽等采用灰色关联度分析法，对电视剧版权价值的因素进行实证研究，并在此基础上探讨了收益法在电视剧版权价值评估中的适用性[④]；吴玉玲等采用层次分析法构建了电视剧版权交易评价指标体系，探讨了电视剧版权交易中采购决策的科学性和有效性，评价指标分为艺术创作、市场因素和版权因素三个层面[⑤]；约克（York Yan Qi）等运用回归分析方法，对古装剧类电视剧价值进行评估，研究了中国观众从观看古装剧中获得的体验价值，找到了影响古装剧价值的因素主要

---

① 季静.电视剧影响力评价标准刍议：从中国电视剧奖项说起［J］.南京艺术学院学报（音乐与表演），2017（3）：132–136.

② 黄雯，严琦.浅论收视率在我国电视剧评价体系中的作用［J］.中国电视，2018（12）：24–28.

③ 王宪.电视剧市场价值评估维度构建［J］.西部广播电视，2016（3）：31.

④ 李方丽，范宏达.收益法在电视剧版权价值评估中的应用［J］.中国广播电视学刊,2019（3）：84–87.

⑤ 吴玉玲，高铭.电视剧版权交易评估指标体系的建构［J］.当代传播，2014（2）：105–107.

为视听效果、情节和启发性等①。喻国明等构建的电视剧全效评估指数是一个连接电视与网络、体现传统媒体与新媒体融合趋势、线上和线下结合的全新的评价指标，是对以收视率为主要指标的电视评价体系的补充和完善②。

其他影视作品价值评价的相关研究中，奥山（Okuyama）等利用观众主观幸福感来量化、货币化观看公共广播价值，发现观看公共广播具有可观的货币价值以及内生属性③。在电影商业价值评价的研究中，司若等在评价指标上考虑到了品牌测量、风险评估和发行路径三方面④；弗兰克（Frank M. Schneider）使用探索性和验证性因素分析在线调查的用户数据，提出并验证了电影价值评估的8个维度：故事真实性、故事原创性、电影摄影、特效技术、推荐度、无害性、娱乐性、认知刺激⑤。在电视综艺节目的评价研究中，游洁等确立的节目评价考评维度包括了价值引导力、专业品质、制作成本、传播力和创新性等方面⑥。

通过文献梳理和实践分析，本文认为当下电视剧播后价值评价相关研究成果多集中于综合性评价，且实践性较弱，还未出现对电视剧播后分项价值进行研究的案例，现有成果尚不能满足不同利益主体在电视剧立项筹划、后续投资及多轮版权售卖等阶段的决策需求。鉴于电视剧价值评价相关研究现状，本文提出以下研究问题。

---

① QI Y Y, HAOBIN B Y, FAN F, et al. Why is contemporary China still courting concubines? Exploring the reasons for Chinese audiences' fascination with concubines' infighting in television dramas［J］. Leisure studies, 2019：1–10.

② 喻国明，李彪. 电视收视全效指标评估体系研究：以电视剧为例［J］. 电视研究，2010（7）：12–15.

③ OKUYAMA N, BOHLIN E. A valuation of viewing public broadcasting with endogeneity：the life satisfaction approach［J］. Telecommunications policy, 2019, 43. DOI：10. 1016/j. telpol. 2019. 02. 001.

④ 司若，洪宜. 电影版权价值评估的方法与路径［J］. 现代出版，2019（1）：42–46.

⑤ SCHNEIDER F M. Measuring subjective movie evaluation criteria：conceptual foundation, construction, and validation of the SMEC scales［J］. Communication methods and measures, 2017, 11（1）：49–75.

⑥ 游洁，彭宇灏. 新时代电视综艺节目评价体系探究［J］. 现代传播（中国传媒大学学报），2020, 42（7）：78–83.

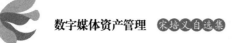

研究问题：影响电视剧播后价值的因素有哪些？电视剧播后价值的内涵能否进一步细化？

综上，本研究基于文献研究及关于电视剧播后价值的影响因素调研结果，采用 465 个电视剧的样本数据，实证分析电视剧播后综合价值的模型构成，并探索电视剧播后价值的不同价值内涵。

二、电视剧播后价值评价模型构建

（一）评价模型构建思路

本文认为，电视剧价值体现在不同层面上，研究不同层面电视剧价值的影响因素及评价模型，不仅能够为电视剧版权的多轮交易提供参考，还能为不同利益相关方的后续决策提供依据。从文献综述及市场应用现状来看，电视剧价值评价多以播出效果数据为导向。因此，本研究首先选取了 7 个电视剧播出效果指标，基本覆盖了所有的播出效果数据。对这 7 个指标进行探索性因子分析，所聚合成的因子便代表电视剧播后价值的各个方面（见表 1）。然后，根据每个因子中包含的指标特征对播后分项价值进行描述，并计算所有样本的播后分项价得分。接着，以电视剧播后价值影响因素为自变量，以播后各分项价值得分为因变量，探索影响电视剧播后各分项价值的指标构成，构建电视剧播后分项价值评价模型。最后，通过计算各分项价值在综合评价中所占权重，构建电视剧播后综合价值评价模型。

（二）电视剧播后分项价值的确定——因变量的选取

电视剧播出效果和电视剧价值是紧密关联的，电视剧播出效果可以用电视剧播出后的数据表现来衡量。电视剧播出效果是电视剧评价机制的重点，不仅包括收视率及收视排名，还包括网络播放平台的播放热度和评分、专家学者的专业意见和普通观众的客观评价 [①]。对于电视剧评价，除了较为客观且

---

① 吕静 . 浅析新媒体语境下我国电视剧评价机制［J］. 当代电视，2016（10）：81-83.

应用广泛的收视率指标外，还有观众口碑（欣赏指数）、网络点击率和网络评分、豆瓣评分等①。本研究从过往的研究中提炼出了"平台播放热度""豆瓣评分""播出平台用户评分""收视份额"这4个指标作为部分播出效果指标，同时增加了3个指标，分别是表示网络搜索热度的"百度指数"，表示电视剧播出范围广度的"交易次数"，以及表示观众在社交媒体中的参与度的"社交平台讨论热度"，用以上7个指标共同表示电视剧的播出效果。然后，对465部电视剧样本进行这7个指标的数据采集，并进行因子分析。结果发现，7个指标分别聚集在4个因子上，因子总方差解释度为77.843%，具体结果如表1所示。

表 1　因子载荷

指标	因子 1 （人气价值）	因子 2 （口碑价值）	因子 3 （商业价值）	因子 4 （收视价值）
社交平台讨论热度	0.814			
百度指数	0.793			
平台播放热度	0.771			
播出平台用户评分		0.824		
豆瓣评分		0.812		
交易次数			0.937	
收视份额				0.925
提取方法：主成分分析法。 旋转方法：凯撒正态化最大方差法。				

由表1可知4个因子的含义：因子1代表了电视剧播出后人气，表示这部剧总体关注度和讨论热度；因子2代表了电视剧口碑，是受众对电视剧的喜好程度和认可程度的表现；因子3代表市场情况，是电视剧首轮版权的售卖情况，表现电视剧购买方对电视剧作品的青睐程度，也体现了电视剧首轮

① 魏佳.互联网＋语境下电视剧现行评价机制探究［J］.南京艺术学院学报（音乐与表演），2017（2）：49-55，8.

播出的范围广度;因子4代表收视情况,是客观数据反映的电视剧在电视台端播放情况。因此,可以认为,上述4个因子恰好对应电视剧价值的4个不同维度,根据特征将其分别描述为人气价值、口碑价值、商业价值和收视价值。

下文分别以人气价值、口碑价值、商业价值和收视价值为因变量,以影响电视剧播后价值的各项指标为自变量进行逐步回归分析,从而甄别出电视剧播出后与这四个因子联系最紧密的指标。

(三)电视剧播后价值评价指标的确定——自变量的选取

评估模型自变量基于文献研究以及问卷调查得出。基于对过往学者相关研究的归纳总结,并根据现实情况,本研究总结归纳出电视剧播后价值的影响因素包括作品价值、市场价值和传播效果三个方面,如表2所示。

表2 电视剧播后价值影响因素主要文献归纳

播后价值的影响因素	廖仿红等[1]（2019）	吴玉玲、高铭[2]（2014）	张国涛[3]（2006）	吕静[4]（2019）	魏佳[5]（2017）
作品价值	专家评价	剧本;主创人员	故事情节;编剧;导演;演员阵容;投入成本;政治和社会环境	专家评价;演员;导演;剧本;审美艺术;主流价值观;政治导向	—

① 廖仿红,李冰,韦晶.电视剧播后质量评价指标体系[J].中国广播电视学刊,2013(12):86-88.

② 吴玉玲,高铭.电视剧版权交易评估指标体系的建构[J].当代传播,2014(2):105-107.

③ 张国涛.电视剧播前评价与播后评价差异研究[J].北京电影学院学报,2006(3):1-8,106.

④ 吕静.浅析新媒体语境下我国电视剧评价机制[J].当代电视,2016(10):81-83.

⑤ 魏佳.互联网+语境下电视剧现行评价机制探究[J].南京艺术学院学报(音乐与表演),2017(2):49-55,8.

播后价值的影响因素	廖仿红等（2019）	吴玉玲、高铭（2014）	张国涛（2006）	吕静（2019）	魏佳（2017）
市场价值	播出成本；广告收入	播出平台；播出方式；市场环境；资金运作	广告收入额；播出时间；播出方式；电视台等相关竞争因子；市场变化影响	—	项目所有者的运营能力
传播效果	收视情况；观众满意度		收视率；满意度；观众认知因子；观众生活行为因子	收视率；网络播放平台点击量；普通观众的客观评价；新媒体专业评价网站的综合评分	受众自身分析

此外，在文献梳理得出的初步指标基础上，开展两轮问卷调查。调查人数共计226人，调查对象为影视公司负责人、出品人、制片人、导演、行业协会等专家，均是电视剧行业多年的从业人员，对调研问题熟悉度高、评判视角专业，对研究问题细化和完善起到了很大帮助。问卷内容围绕电视剧播后价值的各类影响因素展开，每个因素由多个指标描述，通过问卷调查来对指标进行完善、合并和删除，以保证所建指标体系的合理性和科学性。第一版调查指标包含31个指标，包括作品价值、市场价值和传播效果三个方面。调研采取线下的形式，问卷对每个指标进行了解释，请受访者就各个指标对电视剧播后价值的影响程度进行评判。第一轮问卷调查共发放纸质问卷105份，有效问卷共计80份。收回的问卷筛除异常样本后，对指标进行了识别、筛选与合并，由此形成第二版调查指标并在此基础上进行第二轮调研。第二轮问卷共发放120份，有效问卷共计94份。对指标进行进一步筛选和结构调整后，最终得到包含21个三级指标的电视剧播后价值评价指标体系，如表3所示。由此，研究的自变量得以确定。

表 3　电视剧播后价值评价指标体系

一级指标	二级指标	指标序号	三级指标	指标解释
作品价值	剧本	a_1	衍生价值	续集开发性、周边或手游等衍生品的可开发性
	主创	a_2	主演影响力	主演知名度，主要作品影响力、业界评价
		a_3	导演影响力	导演主要作品影响力、业界评价
	作品质量	a_4	社会热点度	当下社会关注的热点题材、能引发社会关注或者集体思考
		a_5	艺术性	电视剧反映社会生活和表达思想感情所体现的美好程度
		a_6	思想性	选题积极向上、传递正能量、符合主流价值观
		a_7	娱乐性	电视剧让观众感受愉悦快乐的功能
		a_8	故事性	故事的叙事手法、展开方式、节奏、情节、戏剧冲突等展现形式
		a_9	专业性	演员表演水平、画面质量、服化道、灯光音效、包装、拍摄手法、剪辑技巧
市场价值	版权交易情况	a_{10}	交易次数	首轮版权交易的次数
	播出策略	a_{11}	首播档期	暑期档、春节档等
		a_{12}	播出时段	电视剧在电视台播出的时间或在视频网站更新的时间，如黄金时间或非黄金时间
	播出渠道	a_{13}	电视台影响力	覆盖范围、影响力、同时段播出电视剧收视排名
		a_{14}	网络平台跟播个数	主流视频网站（如爱奇艺、腾讯、优酷等）播放个数
	其他	a_{15}	演员增值价值	播后演员的签约作品提升情况、广告价值

一级指标	二级指标	指标序号	三级指标	指标解释
传播效果	电视台传播效果	a_{16}	收视份额	首轮播放期间以央视索福瑞的收视数据为依据
	网络平台传播效果	a_{17}	平台播放热度	各播放平台公开的电视剧播放热度
		a_{18}	播出平台用户评分	各平台用户对该剧的综合评分
	其他平台传播效果	a_{19}	百度指数	电视剧播出期间的百度指数
		a_{20}	社交平台讨论热度（微指数）	微指数通过电视剧关键词的热议度，以及行业的平均影响力，反映出微博舆情的发展走势
		a_{21}	豆瓣评分	豆瓣网对该剧的评分

（四）播后价值评价实证研究的样本选取及数据采集

本研究选取的研究样本为 2016 年 1 月至 2022 年 8 月在电视台进行首轮播出的 465 部电视剧（包括网台同步播出的电视剧）。课题组在充分讨论、调研的基础上，对得到的自变量和因变量指标制定了详细可行的赋值标准。本研究所涉及的指标赋值包括两个部分：其一是客观指标赋值，是通过网络视频平台、社交媒体、搜索引擎、央视索福瑞等公开可获取的相关数据对评价指标进行赋值；其二是主观指标赋值，对一些难以用客观数据衡量的指标，通过分级赋值的方法对其进行赋值，本研究中主观指标赋值均为 3 级赋值。为便于计算，所有指标在赋值之后需将赋值结果进行归一化处理，归一化后，数据取值范围在 1~3 之间。

（五）基于回归分析方法的价值评价模型建立

选取表 3 所示的 21 个三级指标的样本数据作为回归分析的自变量，分别以人气价值、口碑价值、商业价值和收视价值为因变量进行 4 组回归分析，研究影响这 4 个因子的影响因素及其关系，得到的主要系数结果如表 4 所示。根据标准化回归系数和因子载荷的大小，使用变异系数法，确定分项评价中各指标的权重，构建电视剧播后分项价值评价模型。根据播后效果指标的因子分析结果中各因子的方差解释比，可以计算 4 个分项价值在综合评价中的权重，构建电视剧播后综合价值评价模型。

表 4　电视剧各因子的回归分析结果

回归因变量	回归自变量	回归系数	标准误差	标准化回归系数	T 值	显著性水平
人气价值 $R^2=0.448$	（常量）	−1.990	.109		−18.301	.000***
	a_1 衍生价值	.414	.059	.259	6.969	.000***
	a_2 主演影响力	.421	.050	.336	8.370	.000***
	a_{15} 演员增值价值	.363	.051	.282	7.081	.000***
口碑价值 $R^2=0.300$	（常量）	−1.579	.201		−7.864	.000***
	a_1 衍生价值	.191	.068	.119	2.804	.005**
	a_3 导演影响力	.673	.052	.510	13.056	.000***
	a_6 思想性	.226	.062	.145	3.671	.000***
	a_7 娱乐性	−.167	.066	−.108	−2.529	.012*
商业价值 $R^2=0.212$	（常量）	−1.507	.191		−7.892	.000***
	a_{11} 首播档期	.147	.049	.125	2.996	.003**
	a_{13} 电视台影响力	.100	.059	.071	1.698	.000***
	a_{14} 网络平台跟播个数	.575	.052	.465	11.024	.000***
收视价值 $R^2=0.148$	（常量）	−1.775	.290		−6.130	.000***
	a_{12} 播出时段	.297	.123	.105	2.410	.016*
	a_{13} 电视台影响力	.463	.061	.330	7.591	.000***
	a_{15} 演员增值价值	.148	.057	.115	2.616	.009**

***p<0.001，**p<0.01，*p<0.05。

表5 权重计算

价值分项	因子分析的方差解释比	分项价值权重		指标	权重计算依据	权重	变异系数	权重
人气价值	32.998	0.416	播出效果人气等级	a_{20} 社交平台讨论热度	.814	0.342	0.41	0.47
				a_{19} 百度指数	.793	0.334		
				a_{17} 平台播放热度	.771	0.324		
			密切指标人气等级	a_1 衍生价值	.259	0.295	0.47	0.53
				a_2 主演影响力	.336	0.383		
				a_{15} 演员增值价值	.282	0.322		
口碑价值	19.864	0.250	播出效果口碑等级	a_{18} 播出平台用户评分	.824	0.504	0.41	0.51
				a_{21} 豆瓣评分	.812	0.496		
			密切指标口碑等级	a_1 衍生价值	.119	0.135	0.39	0.49
				a_3 导演影响力	.510	0.578		
				a_6 思想性	.145	0.165		
				a_7 娱乐性	−.108	0.122		
商业价值	15.100	0.190	交易情况市场等级	a_{10} 交易次数	—	1	0.38	0.47
			密切指标市场等级	a_{11} 首播档期	.125	0.189	0.43	0.53
				a_{13} 电视台影响力	.071	0.107		
				a_{14} 网络平台跟播个数	.465	0.704		

价值分项	因子分析的方差解释比	分项价值权重		指标	权重计算依据	权重	变异系数	权重
收视价值	9.881	0.124	播出效果收视等级	a_{16} 收视份额	—	1	0.44	0.56
			密切指标收视等级	a_{12} 播出时段	.105	0.191	0.34	0.44
				a_{13} 电视台影响力	.330	0.600		
				a_{15} 演员增值价值	.115	0.209		

将人气价值、口碑价值、商业价值和收视价值的评价换算为百分制，转换方式为 $60 \times ($分项价值评分值$\div 3) + 40$，得到表达式如下：

电视剧播后人气价值 $= 60 \times [(a_{20} \times 0.342 + a_{19} \times 0.334 + a_{17} \times 0.324) \times 0.47 + (a_1 \times 0.295 + a_2 \times 0.383 + a_{15} \times 0.322) \times 0.53] \div 3 + 40$

电视剧播后口碑价值 $= 60 \times [(a_{18} \times 0.504 + a_{21} \times 0.496) \times 0.51 + (a_1 \times 0.135 + a_3 \times 0.578 + a_6 \times 0.165 - a_7 \times 0.122) \times 0.49] \div 3 + 40$

电视剧播后商业价值 $= 60 \times [a_{10} \times 1 \times 0.47 + (a_{11} \times 0.189 + a_{13} \times 0.107 + a_{14} \times 0.704) \times 0.53] \div 3 + 40$

电视剧播后收视价值 $= 60 \times [a_{16} \times 1 \times 0.56 + (a_{12} \times 0.191 + a_{13} \times 0.6 + a_{15} \times 0.209) \times 0.44] \div 3 + 40$

电视剧播后综合价值由四个分项价值构成，评价公式为：

电视剧播后综合价值 = 播后人气价值 × 0.416+ 播后口碑价值 × 0.25+ 播后商业价值 × 0.19+ 播后收视价值 × 0.124

（六）评价模型的应用示例

以电视剧《幸福到万家》为例进行播后价值评估，经过变量赋值和回归分析等过程，得到该剧的人气价值、口碑价值、商业价值和收视价值等分项价值得分分别为 83.78、91.38、83.94 和 78.16，综合价值得分为 83.34，如表 6 所示，评价结果与实际收视效果一致。

表 6 《幸福到万家》播后价值评价示例

价值分项	人气价值						口碑价值						商业价值				收视价值			
评价变量	a_{20}	a_{19}	a_{17}	a_1	a_2	a_{15}	a_{18}	a_{21}	a_1	a_3	a_6	a_7	a_{10}	a_{11}	a_{13}	a_{14}	a_{16}	a_{12}	a_{13}	a_{15}
评价变量赋值（归一后）	3	2	3	1	3	1	3	3	1	3	3	2	3	3	2	1	2	2	2	1
分项价值评分值	2.666			1.766			3		2.12				3		1.485		2		1.791	
	83.78						91.38						83.94				78.16			
综合价值评分值	83.34																			

三、总结

新时代背景下，经济发展与社会进步促使受众对文化产品有了更高品质的追求，体现出人民日益增长的美好生活需要。近几年，供给侧结构性改革卓有成效，电视剧作品的剧作质量与艺术水准有明显的提升，同时，电视剧市场环境也呈现出新格局。电视剧的价值衡量在电视剧立项融资、筹划投拍、宣传发行、多轮版权交易等各环节均有所涉及，电视剧等文化产品的综合价值评价一直被学者们关注[1]。由于电视剧兼具文化价值与商业价值[2]，因而电视剧的价值评价也面临着复杂性、动态性、难精确化的困境[3]。

本研究首先从电视剧价值影响因素入手，考虑到首轮播出后可获得丰富的数据以做支撑，故选取电视剧的播后价值作为研究对象。秉承科学全面、实事求是的原则，电视剧播后价值的影响因素研究是基于文献的梳理归纳、并通过向专业人士调研来完成的，最终得到的电视剧播后价值评价指标体系（如表3所示）涵盖了作品价值、市场价值和传播效果三个评价方向，共计21个评价指标，是前人已有研究成果与当下行业现状的集中体现。在此基础上，选取电视剧样本并完成各样本的21个指标赋值后，得到研究数据，通过实证研究深入分析电视剧播后价值评价问题。

考虑到电视剧行业不同利益主体对电视剧价值期望值的侧重点不同，本研究将电视剧播后价值分化为四个分项，各自进行讨论，构建了电视剧播后分项价值评价模型，为电视剧播后评价提供了多样化的价值尺度。对于人气价值，主要受到播出期间社交平台等渠道流量热度的影响，主演影响力体现较为明显；口碑价值主要受导演影响力和各平台评分的影响，导演能力对电视剧口碑的影响幅度较大；商业价值受首轮交易次数与网络平台跟播个数影响较大，与首播档期以及电视台影响力也有关联；收视价值主要取决于电视台收视份额与影响力，一定程度上也受到播出时段和演员增值价值的影响。

研究结果不仅可为电视剧播后价值的判断提供参考，引导优质电视剧的创作生产，服务于多轮版权交易、评奖评优等方面，也可反向应用于电视剧制作前的投资决策。例如，一些电视剧主要目标是将新人演员推向市场，使新人演员在受众群体中产生良好的口碑和知名度，此类电视剧更倾向于重视

---

[1] 廖仿红，李冰，韦晶.电视剧播后质量评价指标体系［J］.中国广播电视学刊，2013（12）：86-88；赵莹.文化价值主导型电视剧综合评价体系构建研究［J］.现代传播（中国传媒大学学报），2019，41（3）：110-115.

[2] 郭修远.电视剧传播效果影响因素研究［J］.中国电视，2018（11）：69-73.

[3] 刘云波，李挺伟.探索大数据在文化产业版权资产价值评估中的应用［J］.中国资产评估，2015（4）：16-22.

人气和口碑价值，因此，根据分项价值评价模型，在选择剧本时需要在剧本的衍生价值、思想性和娱乐性方面着重把关。同时，影响力大的导演更有助于实现预期目标。在电视剧筹划初期，制片方如果期望电视剧具有多轮版权售卖的潜质，就应更加关注电视剧的商业价值和收视价值。因此，根据分项价值评价模型，需要在首轮交易时，选择与尽可能多的网络平台合作，并选取具有潜在增值价值的演员作为主演，尽量选择影响力较大的电视台作为首轮上星播出的渠道，并安排占优势的档期和播出时段。

基于模糊评价法和层次分析法的网络电影版权价值评估模型研究[*]

一、引言

网络电影自诞生以来，就以其快速的发展、创新性的内容引起了国家、社会和众多学者的关注与重视。近年来，随着中国相关主管部门一系列管控措施的颁布和实施，网络电影的创作、生产、营销、宣发等市场环节逐渐走向规范，并因其广阔的市场空间和商业价值变现的便利性吸引了包括互联网视频网站、网生内容制作公司和传统影视制作机构在内的多个市场主体。

作为网络视频的重要类型之一，网络电影已经成为爱奇艺、腾讯视频、优酷等头部互联网视频网站进行品牌建设、拓展流量、吸引资金、开发会员的重要手段。不仅如此，网络视频多元化的题材类型、丰富的内容构成、便捷的观看形式成为各大视频平台进行差异化竞争的战略资源。网络电影的版权由网络电影的出品方和创作者所有，而其版权价值主要指网络电影的广播权、放映权、信息网络传播权等版权权利在许可使用、转让等过程中所产生的经济价值。

---

* 本文原载于英文期刊 *Systems*，2023，11（8），原题目为"Research on the Copyright Value Evaluation Model of Online Movies Based on the Fuzzy Evaluation Method and Analytic Hierarchy Process"，与刘雨童、孙江华合作，收入本书的为中译版。

如今，网络电影发展迅猛，中国对版权侵权问题越来越重视，对知识产权保护力度不断加大，版权价值管理、保护与开发成为版权价值转化的一项必要工作，对行业市场形成良性发展具有重要意义。网络电影具有较高的投资回报率，也是吸引众多投资者、出品方纷纷进入该行业的重要动力，如何对传播效果和投资回报率进行评估，成为众多投资方和制片公司亟待解决的问题。

因此，对网络电影版权价值评估进行研究具有重要意义。本研究借鉴2014年爱艺奇对"网络电影"概念的定义，网络电影指的是时长超过60分钟，制作水准精良，具备完整电影的结构与容量，并且符合中国相关政策法规，以互联网为首发平台的电影。在视频网站的快速发展下，网络版权侵权的形式更加隐蔽，且具有侵权形式多样、技术性强、取证困难等特点，网络电影的版权管理和保护面临严峻的挑战[1]。同时，由于缺乏科学、有效的版权价值评估体系和评估系统，头部视频平台和网络电影制作机构对网络电影作品的版权开发、运营管理的难度增加，网络电影的交易定价、广告招商、衍生品开发，以及内容资产的保值增值成为亟待解决的行业难题。

网络电影的播出方式与盈利模式不同于传统电影的经营模式，影片的宣传与发行完全依赖于互联网视频平台，其盈利模式是与视频平台进行分账，以影片点击量作为基础数据，进行最终的收益结算。因此，网络电影的版权评估研究方法与传统电影版权评估采用的成本法、收益法、市场法不同[2]。在此背景下，本研究主要探讨网络电影版权价值评估的方法。本研究旨在通过理论探索和实证研究，形成一套科学有效的网络电影版权价值评估方法和体系，为各类影视生产机构和视频播放平台提供一套科学有效的网络电影版权价值评估模型和预测、评估商业机会的实践方法。研究目标可以分为三部分内容：一是建立网络电影播前和播后版权价值评估体系；二是结合大数据分析，建立网络电影播后版权价值评估模型；三是基于市场反馈数据，对评估模型进行修正和实证

① WALDFOGEL J. How digitization has created a golden age of music，movies，books，and television［J］. Journal of economic perspectives，2017，31（3）：195–214.

② CHANG K L. A hybrid program projects selection model for nonprofit TV stations［J］. Mathematical problems in engineering，2015：1–10.

检验。基于此，本研究对网络电影的作品价值、宣发能力、播出策略、传播效果等多个方面进行了研究。首先，通过文献检索，梳理出影响网络电影版权价值评估的重要因素。其次，通过两轮问卷调查对网络电影的专家进行相关影响因素的调研，运用模糊评价法建立网络电影版权价值评估指标，根据指标阐释进行必要的客观数据收集和主观数据判断，运用层次分析法对数据进行标准化处理。最后，将数据导入层次分析模型，计算出网络电影的版权价值，进而修正与检验模型，确保该版权评估方法的科学性、合理性。

二、文献综述

（一）版权管理政策和版权价值评估

版权是无形资产的重要类型。研究表明，在版权的各项权利中，影响力最大的权利是复制权。复制权代表向私人提供公共物品的权利，可以从中获得一定比例的收益[①]。随着互联网的普及，版权管理面临更加复杂的形势。互联网使得作品的传播范围更加广泛，版权保护的难度也更加突出。为了应对这一挑战，各国相继制定了相关法律法规，如《数字市场法案》等。中国正在不断完善相关法律法规、政策和行业准则。中国政府建立了网络视频审查机制，对盗版影视作品进行管理和严格监管。2016年以来，中国相关主管部门出台了一系列政策法规，加大网络视听内容创作、生产和网络视听平台的监管力度。《中华人民共和国著作权法》《中华人民共和国电影产业促进法》等法律法规，对影视作品的版权、发行权和其他各类权利进行了系统的定义，为电影行业打击盗版、保护知识产权提供了有力的制度保障。

随着媒体组织的数字化转型，媒体内容产业价值链发生了变革，媒体组织在版权管理、内容产品价值评估、管理模式等方面面临着挑战[②]。在版权管

① LIEBOWITZ S J. File sharing: creative destruction or just plain destruction? [J] Journal of law and economics, 2006, 49（1）: 1–28.

② NANDA M, PATTNAIK C, LU Q. Innovation in social media strategy for movie success: a study of the bollywood movie industry [J]. Management decision, 2018, 56（1）: 233–251.

理方面，媒体组织在数字资产的版权争端和版权付费上面临难题，影视内容的版权管理与保护的力度需要进一步加大。在内容产品定价方面，在学术研究中对内容资产的价值评估和定价还没有通用的评价体系，制约了行业的发展。因此，加快行业评价标准的制定十分重要。学者从不同角度对版权管理和版权价值评估进行了研究，为网络电影等无形资产的版权定价提供了相关的借鉴资料及判断角度。

版权价值评估方法研究是网络电影版权价值研究的基础。从无形资产价值评估的方法中寻找版权价值评估的方法是众多学者研究版权价值的首选路径[①]。学者们探讨了各种评估方法对版权评估的适用性。Gordon V. Smith 是第一个对无形资产进行深入研究的人，为无形资产评估的发展作出了巨大贡献。他论述了版权评估相关方法的适用性，认为在三大传统方法收益法、成本法、市场法中，最适合版权评估的是收益法[②]。但是收益法在应用中还是存在一些局限性，学者们进行了多种形式的创新。在版权价值增值方面，层次分析法在文化版权价值评估中得到运用[③]。有学者以美国版权法为背景，考虑到合理使用原则的复杂模糊性，对版权价值的"市场效应"因素进行评估[④]。

有学者系统描述了知识产权评估体系，并且详细叙述了收益法、成本法、市场法的具体运用，并以此介绍了每种方法的适用条件和局限性[⑤]。而类似著作权这种知识产权一般具有保密性等性质，所以双方详细的交易过程无从

① BUCKLEY P J, STRANGE R, TIMMER M P, et al. Rent appropriation in global value chains: the past, present, and future of intangible assets [J]. Global strategy journal, 2022, 12 (4): 679–696.

② GORDON V SMITH. Valuation of intellectual property and intangible assets [M]. New York: Wiley, 1989.

③ CHIU Y J, CHEN Y W. Using AHP in patent valuation [J]. Mathematical and computer modelling, 2007, 46 (7–8): 1054–1062.

④ KINGSBURY T. Copyright paste: the unfairness of sticking to transformative use in the digital age [J]. University of illinois law review, 2018, 4: 1471–1501.

⑤ CÉLINE L, DONALD M, CYRILLE D, et al. Intellectual property valuation: how to approach the selection of an appropriate valuation method [J]. Journal of intellectual capital, 2010, 11 (4): 481–503.

得知，采用市场法无法找到合适的对比案例，因此，从这个角度来说，对于知识产权这类特殊的无形资产的评估，使用有形资产的评估方法不是完全适合，最合适的方法是收益法①。在国际上，确定收益分成率的方法有两种。一种是经验分析法，另一种方法是要素贡献法。要素贡献法中的"四分法"认为，无形资产由"资金、组织、劳动、技术"这四项要素构成且各要素贡献相等，因此，每项要素的收益分成率应该确定为25%②。还有的学者研究了知识产权和经济发展对创新的联合影响，发现了知识产权和创新之间的一系列曲线，取决于人均GDP③。此外，实物期权是在不确定性和不确定性条件下评估投资的有用工具。因此，将其运用于知识产权评估也应该被广泛接受④。数字版权管理（DRM）保护主要用于保护数字知识产权并控制其在移动设备上的分发和使用。而攻击者总是试图绕过DRM控制，以未经授权访问受版权保护的内容，一个对手模型被提出用来评估iOS设备上视频内容DRM保护能力⑤。专利也是无形资产的重要部分，学者们对专利价值的影响因素以及评估体系进行了深入的研究，认为专利价值的构成受到众多因素的影响⑥。不同行业、不同时期的专利交易考虑的影响因素并不相同，在针对具体专利价值评估时，其价值评估体系复杂多变⑦。影响无形资产的价值的因素主要分为两

① CHRISTIAN L, MONIQUE N. Imitation and innovation driven development under imperfect intellectual property rights [J]. European economic review, 2012, 56（7）: 1361–1375.

② KIM H S, SOHN S H. Support vector machines for default prediction of SMEs based on technology credit [J]. European journal of operational research, 2010, 201（3）: 838–846.

③ JOHN H. Innovation, intellectual property rights, and economic development: a unified empirical investigation [J]. World development, 2013, 46: 66–78.

④ CHANG J, HUNG M, TSAI F, et al. Valuation of intellectual property: a real option approach [J]. Journal of intellectual capital, 2005, 6（3）: 339–356.

⑤ D' ORAZIO C, CHOO K K R. An adversary model to evaluate DRM protection of video contents on iOS Devices [J]. Computers & security, 2016, 56: 94–110.

⑥ CHEN Y M, LIU H H, LIU Y S, et al. A preemptive power to offensive patent litigation strategy: value creation, transaction costs and organizational slack [J]. Journal of business research. 2016, 69（5）: 1634–1638.

⑦ DIETMAR H, FREDERIC M S, KATRIN V. Citations, family size, opposition and the value of patent rights [J]. Research policy, 2003, 32（8）: 1343–1363.

大类，分别是技术的固有因素和应用因素[①]。其中，固有因素指与技术本身的内在特征有关的因素，如技术发展水平、技术所处的生命周期、技术标准化情况等。应用因素是指与技术的使用情况相关的因素，如技术的类型、技术对产品贡献的比例、技术应用的范围和完善的程度等。如果考虑企业的专利战略等重要因素的影响，可以将主要影响因素划分为四大类：技术因素、市场状态、法律因素和技术转移相关的因素[②]。专利和版权对产业结构有多重影响，一方面，专利和版权有助于新公司进入一个行业；另一方面，在任何给定的产业中，专利和版权能够有效促进上游创造性职能的进入，如电影的制作，同时往往有助于下游的商业化职能集中，如电影的分销[③]。

（二）影视版权价值评估

在影视版权评估相关研究中，根据评估标的不同，评估方法也不尽相同。影视版权评估具有单位价值高，收益不易确定等特点，使用传统收益法进行估值具有一定的难度。因此，在影视版权评估方面，学者们在版权价值评估方法的基础上又进行了进一步探索，分析了影视作品版权价值的影响因素。

在版权价值评估和影视版权价值评估的相关研究中，收益法都是十分重要的方法。在众多版权价值评估方法中，有学者认为，收益法对版权价值评估适用性最高，并对现金流量折现进行探讨[④]。在收益法的实际应用中，对于收益额的预测又是重中之重，学者们对电视剧版权收益额的影响因素进行了多方面探索。版权收益额与电影版权价值体系密切相关。电影票房收入和放

① PARK Y，PARK G. A new method for technology valuation in monetary value：procedure and application［J］. Technovation，2004，24（5）：387–394.

② HOU J L，LIN H Y. A multiple regression model for patent appraisal［J］. Industrial management & data systems，2006，106（9）：1304–1332.

③ LEE P. Reconceptualizing the role of intellectual property rights in shaping industry structure［J］. Vanderbilt law review，2019，72：1197–1283.

④ BERKMAN M. Valuing intellectual property assets for licensing transactions［J］. Licensing journal，2002，22（4）：16–23.

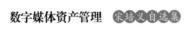
映后的环节产生的收入两者之和构成了版权收益额①。但是，有学者认为影视作品是具有人文价值、经济价值等的特殊产品，基本评估方法中的收益法、成本法、市场法等评估方法并不适用，因此需要将平衡计分法融入影视作品价值评估②。

（三）网络电影版权价值评估

学者针对电影版权价值有着广泛的研究。一项研究认为，整个电影产业链的收益源来自放映环节的票房和电影下映后的衍生品，电影从前期的制作到最终放映经历了多个环节，包括电影的融资招商、电影前期创意构思制作、影片中期开拍、影片发行和院线放映等各个环节，核心创意是实现收益最大化的动力源泉③。电影票房有多方面影响因素。电影票房会受到同档期上映的其他电影的影响，每一个档期的市场有一定的饱和度，当一些热门电影都竞争在同一个档期时，观众就会被分流，一些电影就会由于竞争力不够而不能达到原本的预期④。电影票房与互联网的观众评价有关⑤，豆瓣电影网的电影评分可以用

① WIRTZ B W. Convergence processes，value constellations and integration strategies in the multimedia business ［J］. International journal on media management，1999，1（1）：14–22.

② CHANG K L. A hybrid program projects selection model for nonprofit TV stations［J］. Mathematical problems in engineering，2015：1–10；LIAO S K，CHANG K T，DUAN W C，et al. New program projects selection for TV companies ［J］. Journalism and mass communication，2011，1（2）：115–122.

③ FRANKLIN M，SEARLE N，STOYANOVA D，et al. Innovation in the application of digital tools for managing uncertainty：the case of UK independent film ［J］. Creativity and innovation management，2013，22（3）：320–333；FENG N，FENG H H，LI D H，et al. Online media coverage，consumer engagement and movie sales：a PVAR approach ［J］. Decision support systems，2020，131.

④ ANDREW A，XAVIER D，FRED Z. Modeling movie life cycles and market share ［J］. Marketing science，2005，24（3）：508–517.

⑤ YANG J，YECIES B，ZHONG P Y. Characteristics of Chinese online movie reviews and opinion leadership identification ［J］. International journal of human–computer interaction，2020，36（3）：211–226；KHAN A，GUL M A，UDDIN M I，SHAH S A A，AHMAD S，AL FIRDAUSI M D，ZAINDIN M. Summarizing online movie reviews：a machine learning approach to big data analytics ［J］. Scientific programming，2020：1–14.

来研究电影口碑对电影票房的影响①，影片从宣发到下映，观众的影评对电影票房均有显著影响，电影评分对电影票房的影响会从电影上映之前一直持续到电影的整个上映过程②。在收益法的应用上，目前国内外较为广泛应用的就是将收益法与票房预测模型相结合。在对票房数据预测模型的设计方面，有学者提出了一种基于 SNS 数据和深度学习的新方法，它的新颖之处是使用社交媒体实现这两种方法的有效结合，结果显示这种方法可以有效地降低票房预测的误差③。此外，电影类型也可以作为变量带入票房预测模型中，一项实证研究表明，电影票房会随着电影类型的不同而发生变化④。有学者从电影评分网站豆瓣和优酷中提取影响因素，以网络电影人气预测为研究重点，提出了一种名为 Deep Fusion 的预测框架，提高了网络电影人气预测的准确性⑤。

在电影版权评估方面，版权保护问题受到广泛关注。在影视作品版权保护方面，数字化正在影响着广播、电视和电影等许多受版权保护的媒体产业，一旦信息被转换成数字形式，媒体内容就可以以接近于零的边际成本被复制和分发，这种变化助长了某些行业的盗版行为，这反过来又使商业卖家难以继续通过传统方式将产品推向市场，从而获得同样水平的收入⑥。网络盗版的

① WANG H，GUO K. The impact of online reviews on exhibitor behaviour：evidence from movie industry［J］. Enterprise information systems，2017，11（10）：1518–1534.

② CHEN Y B，LIU Y，ZHANG J R. When do third–party product reviews affect film value and what can film do? The case of the media critics and professional movie reviews［J］. Journal of marketing，2012，76（2）：116–134.

③ KIM T，HONG J，KANG P. Box office forecasting using machine learning algorithms based on SNS data［J］. International journal of forecasting，2015，31（2）：364–390.

④ DAVID A R，CHRISTOPHER M S. The influence of expert reviews on consumer demand for experience goods：A case study of movie critics［J］. The journal of industrial economics，2005，53（1）：27–51.

⑤ BAI W，ZHANG Y X，HUANG W W，et al. Deep fusion：predicting movie popularity via cross–platform feature fusion［J］. Multimedia tools and applications，2020，79：19289–19306.

⑥ LU S J，WANG X，BENDLE N. Does piracy create online word of mouth? An empirical analysis in the movie industry［J］. Management science，2020，66（5）：2140–2162.

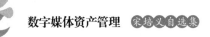
机制是在对产品有不同估价的消费者之间传播有关产品特征的信息[①]。有学者以宝莱坞为例,对盗版行为和数字化技术如何影响新产品的供应进行了个案研究,考察了印度在技术变革时期电影制作中的版权保护政策[②]。有学者提出了 Blockchain Copyright Exchange(BCE),通过在基于区块链的智能合约中编码版权规则和许可条款来提高版权交易的效率和准确性,这样的方式能够较为有效地消除盗版行为[③]。

综上所述,网络电影版权价值评估的研究具有十分重要的意义。目前,学者们已经对影视行业进行了大量的研究,并在此基础上建立了较为完善的理论体系。但本文认为,现有研究至少存在两个方面的不足:(1)现有研究较少关注电影版权价值以及版权价值评估相关的问题,网络电影版权价值评估的理论和方法的研究并未形成体系,相比较于电视剧、网络剧和传统电影来说,其学术研究成果略少,与电影产业相关的研究内容大多与电影产业链价值和影片票房价值有关。(2)版权价值评估的研究没有对网络电影播前和播后进行区分,本研究认为,应该对网络电影版权评估的指标体系进行细分,分别建立网络电影播出前的版权价值评估体系和网络电影播出后的版权价值评估体系,使指标模型的建立具有前瞻性。与电视剧、网络剧和传统电影相比,网络电影发展时间较短,可借鉴的学术研究成果较少。据此,本研究对网络电影进行全方位的数据收集和价值评估,以 2016—2018 年中国三大视频平台上可以收集到的网络电影作品为研究对象,运用模糊综合评价法、层次分析法、德尔菲法等方法,通过理论探索和实证研究,提出了一套科学有效的网络电影版权价值评估方法和体系,并对评估模型进行了修正和实证检验,能够为各类影视生产机构和视频播放平台提供一套有效的网络电影版权价值

---

① CHRISTIAN P,JÖRG C,TOBIAS K. Piracy and box office movie revenues:evidence from megaupload[J]. International journal of industrial organization,2017,52:188–215.

② TELANG R,WALDFOGEL J. Piracy and new product creation:a bollywood story[J]. Information economics and policy,2018,43:1–11.

③ LIU J R. Blockchain copyright exchange:a prototype[J]. Buffalo law review,2021,69:1021–1094.

评估模型和实践方法，以期推动网络电影版权内容市场化工作的有序开展，提升版权管理能力。

文章剩余内容结构如下：第三部分描述了研究方法。在构建了网络电影版权价值评估指标体系之后，基于层次分析法，对数据进行标准化处理，计算得到了网络电影版权价值评估各级指标的权重。第四部分是结果和讨论，根据得到的指标复合权重，进行了网络电影价值评估的案例分析。接着，文章进一步运用大数据构建网络电影版权价值评估模型，对评估模型进行了修正和实证检验。第五部分是结论。

三、研究方法

（一）网络电影版权价值评估指标体系的构建

1. 网络电影播前和播后的版权价值评估指标

版权的评估方法并不存在单一正确的方式，应该在多种知识产权评估方法中，就被评估资产的特点进行综合考量。网络电影不同于传统电影，其制作团队大多为网生内容专有制作团队，其宣发方式和收益方式主要依从于网络视频平台。影视作品是具有人文价值和经济价值的特殊产品[①]，收益法、成本法、市场法等基本评价方法都不适用，因此，有必要将更多的方法融入影视作品的价值评估。本研究运用模糊评价法建立网络电影版权价值评估指标。然后，选取多种评估方法，按照适用性赋予指标不同的权重，加权求出电影版权的价值。随着传统院线电影公司与专业团队逐步向网络电影领域渗透，网络电影的品质不断提升，且已经出现优质网络电影反向院线输出的先例。因此，网络电影的未来趋势中，潜藏着二次售卖和版权衍生的发展机遇，其版权价值评估须分为播前指标和播后指标，使指标模型的建立具有前瞻性。播前的一级指标包含作品价值与其他因素，播后的一级指标包含作品价值、

---

① LEE Y，KIM S H，CHA K C. Impact of online information on the diffusion of movies：focusing on cultural differences［J］. Journal of business research，2021，130：603–609；BERGESEN A. How to sociologically read a movie［J］. Sociological quarterly，2016，57（4）：585–596.

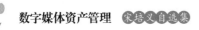

播出策略和传播效果。通过对相关文献、权威机构发布的各项报告、行业最新相关政策和视频平台网络电影的最新合作方式等资料进行梳理，初步建立起网络电影版权价值评估的第一版指标。该指标体系分为播前和播后两个部分，均为三级结构。

模糊评价法是一种基于模糊数学的综合评价方法，该方法根据模糊数学的隶属度理论，把定性评价转化为定量评价，即运用模糊数学方法对受到多种因素制约的事物或对象做出一个总体的评价[1]。利用模糊评价法，本研究将影响网络电影版权价值的各项因素划分为具有层次关系的三级指标，并对第三级指标中的客观数据指标直接进行数据收集和赋值，对于其中的主观数据，根据文献研究结果和市场反馈情况分为两档或者三档进行赋值。网络电影播前和播后版权价值评估指标体系分别包括 24 个和 25 个三级指标，如表 1 和表 2 所示[2]。

———————————

① WU H A, SUN X R, LI D J, ZHAO Y. Research on learning evaluation of college students based on AHP and fuzzy comprehensive evaluation [J]. Computational intelligence and neuroscience, 2022: 1–8.

② PANG J, LIU A X, GOLDER P N. Critics' conformity to consumers in movie evaluation [J]. Journal of the academy of marketing science, 2022, 50 (4): 864–887; WEI L Y, YANG Y P. An empirical investigation of director selection in movie preproduction: a two–sided matching approach [J]. International journal of research in marketing, 2022, 39 (3): 888–906; KIM A, TRIMI S, LEE S G. Exploring the key success factors of films: a survival analysis approach [J]. Service business, 2021, 15: 613–638; MATTHEWS P, GLITRE K. Genre analysis of movies using a topic model of plot summaries [J]. Journal of the association for information science and technology, 2021, 72 (12): 1511–1527; ZHOU Y. Social accountability in movies: speculations on legal principle and emotional reasoning [J]. American journal of economics and sociology, 2021, 80 (3): 965–975; SCHNEIDER F M, DOMAHIDI E, DIETRICH F. What is important when we evaluate movies? Insights from computational analysis of online reviews [J]. Media and communication, 2020, 8 (3): 153–163; LEE S, CHOEH J Y. Movie production efficiency moderating between online word–of–mouth and subsequent box office revenue [J]. Sustainability, 2020, 12 (16): 6602; CHIU Y L, CHEN K H, WANG J N, HSU Y T. The impact of online movie word–of–mouth on consumer choice a comparison of American and Chinese consumers [J]. International marketing review, 2019, 36: 996–1025; OH S, BAEK H, AHN J. Predictive value of video–sharing behavior: sharing of movie trailers and box-office revenue [J]. Internet research, 2017, 27 (3): 691–708.

表 1　网络电影播前版权价值评估指标

一级指标	二级指标	三级指标	指标解释
作品价值	剧本质量	剧目来源	原创；改编（包括 IP 改编及衍生内容、真人真事改编、名著改编）；系列（多部）
		题材类型	惊悚、爱情、剧情、喜剧、奇幻等
		题材独特性	题材是否具有创新性和突破性
	主创团队	主演影响力	主演主要作品影响力、业界评价
		制片人影响力	制片人主要作品影响力、业界评价
		编剧影响力	编剧主要作品影响力、业界评价
		导演影响力	导演主要作品影响力、业界评价
作品价值	主创团队	制作团队	制作团队主要作品影响力、业界评价
		制作成本	网络电影制作投入多少
	作品特征	社会热点度	当下社会关注的热点题材、能引发社会关注或者集体思考
		网感	内容包含的网络文化的多少，与网络平台传播方式（分众传播）的匹配度大小，话题对网民吸引程度的大小
		艺术性	反映社会生活和表达思想感情所体现的美好表现程度
		思想性	选题积极向上、传递正能量，符合社会主流价值观
		娱乐性	给观众带来的愉悦快乐的功能
		故事性	故事的叙事手法、展开方式、节奏、情节、戏剧冲突等
		专业性	画面质量、服化道、灯光音效、包装、拍摄手法、剪辑技巧
其他因素	宣发计划	发行公司类型	传统电影发行公司、网络视频平台、纯网内容公司
		发行公司能力	业界口碑与影响力，包括发行作品类型占比及市场表现力

一级指标	二级指标	三级指标	指标解释
其他因素	宣发计划	宣发方式	流量导入、微博微信自媒体分发、APP 投放、导航网站投放、线下硬广、用户落地活动、事件营销、直播、PGC 节目、短视频分发、线下快闪、校园推广和综艺推广等
		用户画像	用户性别、年龄、学历、职业等
	融资方式	众筹	向普通受众集资拍摄
		视频网站自制	视频网站出资拍摄
		影视企业制作	影视企业投资拍摄
		草根自制	普通草根自己出资拍摄

表 2 网络电影播后版权价值评估指标

一级指标	二级指标	三级指标	指标解释
作品价值	剧本价值	题材类型	惊悚、爱情、剧情、喜剧、奇幻等
	主创团队	主演影响力	主演主要作品影响力、业界评价
	作品特征	社会热点度	当下社会关注的热点题材、能引发社会关注或者集体思考
		网感	内容包含的网络文化的多少，与网络平台传播方式（分众传播）的匹配度大小，话题对网民吸引程度的大小
		艺术性	反映社会生活和表达思想感情所体现的美好表现程度
		思想性	选题积极向上、传递正能量，符合社会主流价值观
		娱乐性	给观众带来的愉悦快乐的功能
		故事性	故事的叙事手法、展开方式、节奏、情节、戏剧冲突等
		专业性	画面质量、服化道、灯光音效、包装、拍摄手法、剪辑技巧

一级指标	二级指标	三级指标		指标解释
播出策略	播出档期	上映档期		如暑期档、春节档等
		上映日期		每周周几上映
	播出渠道	播出平台影响力		平台自身的声誉、流量、粉丝规模等
		播出平台个数		网络电影的播出平台数
	播出内容	黄金六分钟		网络电影免费观看的六分钟的质量、吸粉能力
传播效果	播出平台传播效果	播放量		网络电影观影点击次数
		播放时长		电影付费周期内会员用户观看影片的累计播放时长
		弹幕量		观看电影时弹出的评论性字幕数量
		播出平台用户评分		播出平台用户对该电影的综合评分
传播效果	播出平台传播效果	电影付费购买量		电影付费期间视频网站单次付费观看该电影的人数
		电影会员拉新能力		电影付费期间因为需要观看该电影而购买视频网站会员的人数
	其他重要平台的影响力	百度指数		电影播出期间的百度指数
		微博热度	官方微博热度	电影官方新浪微博的粉丝数量、转发、评论、点赞量
			微博话题讨论量	电影播出期间新浪微博电影超级话题的评论数
		豆瓣评分		豆瓣网对该电影的评分
	造星能力	造星能力		是否有新人演员、导演、编剧等在播出后，网络热度和关注度提升

在播前指标中，网络电影的版权价值主要受作品价值和其他因素影响。作品价值，指在剧本挑选和制片过程中产生的固有价值，包含剧本质量、主

创团队、作品特征等二级指标。剧本质量包含剧目来源、题材类型、题材独特性等指标。主创团队包含主演影响力、制片人影响力、编剧影响力、导演影响力、制作团队、制作成本等指标。作品特征包含社会热点度、网感、艺术性、思想性、娱乐性、故事性、专业性等指标。其他因素，指网络电影在播映前的出品、宣传、发行的能力，包含宣发计划和融资方式等二级指标。宣发计划包含发行公司类型、发行公司能力、宣发方式、用户画像等指标。融资方式包含众筹、视频网站自制、影视企业制作、草根自制等指标。

在播后指标当中，网络电影版权价值主要受作品价值、播出策略和传播效果的影响。作品价值，指网络电影在剧本挑选和制片过程中产生的固有价值，包含剧本质量、主创团队、作品特征等二级指标。剧本质量下设题材类型指标。主创团队下设主演影响力指标。作品特征包含社会热点度、网感、艺术性、思想性、娱乐性、故事性、专业性等指标。播出策略，是指网络电影在平台播放时采取的播出策略，包含播出档期、播出渠道与播出内容等指标。播出档期包含上映档期与上映日期等指标，播出渠道包括播出平台影响力、播出平台个数等指标。播出内容受黄金六分钟指标的影响。传播效果，是指网络电影在播放平台、搜索平台、社交平台等传播媒介中产生的效果，包含播出平台传播效果、其他重要平台的影响力以及造星能力等二级指标。播出平台传播效果包含播放量、播放时长、弹幕量、播出平台用户评分、电影付费购买量、电影会员拉新能力等指标。其他重要平台影响力包含百度指数、微博热度和豆瓣评分等指标。造星能力受平台造星能力影响。

为保证数据的有效性，本研究进行了关于评估指标的问卷调查，以确保研究结果的科学性和全面性。为了确定各个影响因素对网络电影版权价值的影响程度，本研究运用德尔菲法进行指标体系的构建。德尔菲法本质上是一种专家反馈匿名函询法，其操作步骤是对所要预测的问题，在征得专家的意见之后，进行归纳、统计，再匿名反馈给各专家，并再次征求意见，再集中，再反馈，直至得到一致的意见①。本研究通过对专家进行多轮问卷调查的方式，对指标和权重进行反复的意见征询和归纳，一定程度上保障了网络电影版权评估指标体系以及各指标权重设计的科学性和有效性。本研究根据上述指标体系设计纸质专家问卷，对106位影视行业内的专家展开问卷调查，要求被调查者为每个三级指标的影响程度进行评分，并补充其认为有影响的指标。问卷设置各个指标对网络电影版权价值影响程度的打分机制，采用从10分到0分的十分制形式。10分为影响最大，逐次减弱，0分为没有影响。

通过对回收的有效问卷进行数据整理与指标筛选，最终回收有效问卷74份。回收的有效问卷经过平均值、标准差、中位数的统计之后，将问卷指标打分中在"平均值F0B1一个标准差"范围之外的标注为异常值，统计每一份问卷异常值数量，将异常值数量过半数的问卷去除，留存下相对平稳的问卷数据，再次统计问卷的平均值、标准差与中位数，最终获得62份问卷。调查结果显示，大部分指标的平均值在7分以上，因此，认为第一版指标具有较强的说服力，基本可以覆盖网络电影版权价值评估的所有指标，并将其与第二轮问卷结果以及数据收集的可操作性结合起来进行综合分析。

在第一轮专家问卷调查的基础上，本研究采取网上电子问卷的形式开展了第二轮专家问卷调查，回收了31份有效问卷。对网络电影版权价值评估播前指标和播后指标的两轮调查结果进行统计分析发现，在播前指标体系中，低于7分的指标有9个，其中制片人影响力、艺术性、发行公司类型、众筹、草根自制5项指标得分与第一轮专家问卷调查结果相同，仍低于7分。此外，新增4个低于7分的指标，包括剧目来源、编剧影响力、思想性、影视企业制作。为了简化研究，本研究删除制片人影响力、编剧影响力、发行公司类型，并将融资方式改为出品公司类型，使指标更加凝练和精准。在播后指标体系中，低于7分的指标有8个，其中上映日期、播出平台个数与造星能力这3项指标得分与第一轮专家问卷结果一致，仍低于7分。此外，新增5个

---

① BRADY S R. Utilizing and adapting the Delphi method for use in qualitative research［J］. International journal of qualitative methods，2015，14（5）：1–6.

低于 7 分的指标，分别为题材类型、主演影响力、艺术性、思想性、百度指数。为了简化研究，本研究删除上映档期、上映日期和造星能力这 3 项指标。此外，考虑到数据的可获得性，本研究剔除了无法获得客观数据且无法主观赋值的指标，此类指标有播前指标中的制作团队、宣发方式，播后指标中的电影付费购买量、电影会员拉新能力、官方微博。

2. 数据收集与分析

随着大数据技术的快速发展，从海量数据中挖掘商业价值或科学研究价值，已经成为业界和学界进行市场或学术探索的主流方法[1]。2016—2018 年是网络电影呈指数式增长的重要时期，市场逐步成熟，内容类型多样。基于此，本研究的样本数据来源于腾讯视频、爱奇艺视频、优酷视频三大视频平台可收集到的 2808 部网络电影作品，从中抽取出 246 部作为本研究的重点研究对象进行分析，旨在通过理论探索和实证研究，形成一套科学有效的网络电影版权价值评估方法和体系，为各类影视生产机构和视频播放平台提供一套科学有效的网络电影版权价值评估模型和实践方法。

数据提取、筛选和分析为本研究积累了丰富的数据信息，使构建的网络电影版权价值评估体系更加符合行业的现实状况。根据统计结果，在上述时间范围内，爱奇艺视频共有 1579 部网络电影，腾讯视频有 633 部，优酷视频 596 部。本研究根据不同视频平台的不同播放数据对上述影片进行分层抽样，抽样比例为 20%，共抽取爱奇艺网络电影 322 部、腾讯网络电影 130 部、优酷网络电影 123 部，共计 575 部，基本覆盖和反映了我国网络电影行业的整体情况。数据收集过程中，除了保证客观数据的真实有效之外，主观数据的赋值标准制定也很重要。在客观数据收集结束后，本研究剔除了重复影片与数据严重缺失的影片，对剩余的 246 部有效样本影片进行主观指标赋值，取值最大为 3，最小为 1，最大限度地实现该主观指标赋值的客观性。网络电影版权价值评估体系播前与播后所有指标数据取值方法、判定与标准依据、分

① MOHAMED A，NAJAFABADI M K，WAH Y B，et at. The state of the art and taxonomy of big data analytics：view from new big data framework［J］. Artificial intelligence review，2020，53：989–1037.

级标准、赋值标准具体如表 3 和表 4 所示。

表 3　网络电影版权价值评估播前指标体系及赋值方法

三级指标	三级指标分级方法	赋值
剧目来源	系列剧	3
	IP 改编	2
	完全原创	1
题材类型 （观众偏好）	动作、悬疑、爱情	3
	奇幻、喜剧	2
	其他类型	1
题材 独特性	其他类型	3
	喜剧、剧情	2
	爱情、悬疑、动作	1
主演 影响力	高"过往作品个数"与高"过往作品评分"的组合	3
	低"过往作品个数"与高"过往作品评分"；高"过往作品个数"与低"过往作品评分"的组合	2
	低"过往作品个数"与低"过往作品评分"的组合	1
导演 影响力	高"过往作品个数"与高"过往作品最高分"的组合	3
	低"过往作品个数"与高"过往作品最高分"；高"过往作品个数"与低"过往作品最高分"	2
	低"过往作品个数"与低"过往作品最高分"的组合	1
制作成本	600 万元及 600 万元以上	3
	200 万元～ 600 万元	2
	200 万元及 200 万元以下	1
社会 热点度	有社会热点度	2.5
	无社会热点度	1.5

续表

三级指标	三级指标分级方法	赋值
网感	较强展现出网生代思维方式；重点强调观众至上；古人现代化表现明显；网络用语使用较多；镜头语言较为夸张；吐槽文化集中体现；与网络视频用户消费习惯极为贴近；具有颠覆传统的表达方式等。以上内容，影片包含两点及以上则被认定为网感强	2.5
	反之，认定为网感弱	1.5
艺术性	结构巧妙，情节紧凑，人物鲜明丰满，场景丰富，镜头变化生动灵活	3
	结构清晰，情节合乎逻辑，人物鲜明，场景和镜头根据剧情有所变化	2
	结构不清，情节不合逻辑，人物突兀，场景和镜头单调乏味	1
思想性	主题深邃、宏大，传达了先进、高尚的价值观念，主人公对主题的诠释深刻而传神	3
	主题比较深刻，价值导向正确，主人公对主题的诠释比较生动到位	2
	主题肤浅，价值导向不明	1
娱乐性	节奏清晰、明快，情节设置直观、巧妙，人物形象鲜明、丰满，互动设计精巧、生动	3
	节奏、情节较清晰，人物、互动较生动	2
	节奏拖沓，情节设计晦涩，人物、互动生硬刻板	1
故事性	故事情节曲折婉转、引人入胜	3
	故事情节较清晰，叙事较流畅	2
	情节晦涩，叙事生硬	1
专业性	电视剧演员表演精湛，能引起观众情感共鸣，拍摄手法多样，镜头表现力强，剪辑生动灵活，服化道精致美观，配乐精良，切合情节发展	3
	电视剧演员表演一般，拍摄手法中规中矩，服化道中等	2
	电视剧演员表演较差，场景和镜头单调乏味，服化道粗糙，镜头质感较差	1

续表

三级指标	三级指标分级方法	赋值
发行公司能力	330000 及 330000 以上、视频平台发行	3
	20001～329999	2
	20000 及 20000 以下	1
用户画像	得分 1.8	3
用户画像	得分 1.2	2
	其他得分	1
出品公司类型	有视频平台本身时	3
	当没有视频平台时，有传统影视企业（是否此前已有院线电影或者电视剧）	2
	上述两种类型公司未出现时，其他影视企业或者单位	1

表 4 网络电影版权价值评估播后指标体系及赋值方法

三级指标	三级指标分级方法	赋值
题材类型（观众偏好）	动作、悬疑、爱情	3
	奇幻、喜剧	2
	其他类型	1
主演影响力	高"作品个数"与高"作品评分"的组合	3
	低"作品个数"与高"作品评分"的组合；高"作品个数"与低"作品评分"的组合	2
	低"作品个数"与低"作品评分"的组合	1
社会热点度	有社会热点度	2.5
	无社会热点度	1.5

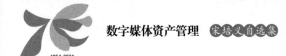

续表

三级指标	三级指标分级方法	赋值
网感	较强展现出网生代思维方式；重点强调观众至上；古人现代化表现明显；网络用语使用较多；镜头语言较为夸张；吐槽文化集中体现；与网络视频用户消费习惯极为贴近；具有颠覆传统的表达方式等。以上内容，影片包含两点以及以上则被认定为网感强	2.5
	反之，认定为网感弱	1.5
艺术性	结构巧妙，情节紧凑，人物鲜明丰满，场景丰富，镜头变化生动灵活	3
	结构清晰，情节合乎逻辑，人物鲜明，场景和镜头根据剧情有所变化	2
	结构不清，情节不合逻辑，人物突兀，场景和镜头单调乏味	1
思想性	主题深邃、宏大，传达了先进、高尚的价值观念，主人公对主题的诠释深刻而传神	3
	主题比较深刻，价值导向正确，主人公对主题的诠释比较生动到位	2
	主题肤浅，价值导向不明	1
娱乐性	节奏清晰、明快，情节设置直观、巧妙，人物形象鲜明、丰满，互动设计精巧、生动	3
	节奏、情节较清晰，人物、互动较生动	2
	节奏拖沓，情节设计晦涩，人物、互动生硬刻板	1
故事性	故事情节曲折婉转、引人入胜	3
	故事情节较清晰，叙事较流畅	2
	情节晦涩，叙事生硬	1
专业性	电视剧演员表演精湛，能引起观众情感共鸣，拍摄手法多样，镜头表现力强，剪辑生动灵活，服化道精致美观，配乐精良，切合情节发展	3
	电视剧演员表演一般，拍摄手法中规中矩，服化道中等	2
	电视剧演员表演较差，场景和镜头单调乏味，服化道粗糙，镜头质感较差	1

三级指标	三级指标分级方法	赋值
播出平台影响力	爱奇艺	3
	腾讯	2
	优酷	1
播出平台个数	3 个及 3 个以上	3
	2 个	2
	1 个	1
黄金六分钟	前六分钟内容中：主角人物、故事背景、事件起因全部交代清楚；内容通俗易懂、主题明确；片名包含元素全部体现；悬念设置较多且悬念性强	3
	前六分钟内容中：主角人物、故事背景、事件起因基本交代清楚；内容基本了解、主题有所展现；与片名有一定联系；有悬念设置但悬念性一般	2
	前六分钟内容中：主角人物、故事背景、事件起因缺失或模糊；内容晦涩难懂、主题不明；与片名几乎没有联系；没有悬念设置	1
弹幕量	15000 及 15000 以上	3
	1001 ～ 14999	2
	1000 及 1000 以下	1
播出平台用户评分	7.6 分及 7.6 分以上	3
	6.1 分～ 7.5 分	2
	6 分及 6 分以下	1
百度指数	1501 及 1501 以上	3
	1 ～ 1500	2
	0	1

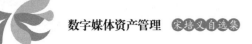

三级指标	三级指标分级方法	赋值
微博话题热度	讨论量赋值 2 和阅读数赋值 2 组合	3
	讨论量赋值 1 和阅读数赋值 2 的组合、阅读数赋值 1 和讨论量赋值 2 的组合	2
	讨论量赋值 1 和阅读数赋值 1 组合	1
豆瓣评分	6 分及 6 分以上	3
	1 分～5 分	2
	0 分	1

播前指标数据的取值有详细的标准和方法。剧本质量方面，剧目来源是根据前期的受众调查中受众观影偏好与感受确立，题材类型和题材独特性是根据《2018 年网络视听节目报告》相关数据进行分级。主创团队方面，主演影响力是根据"过往作品个数"高低档与"过往作品评分"高低档组合进行分级。导演影响力是根据"过往作品个数"高低档与"过往作品最高分"高低档组合进行分级。制作成本是根据各大报告数据，对制作成本进行区间划分，根据少数影片收集所得的制作成本，估算其他影片制作成本区间。作品特征方面，社会热点度是根据主题、话题等与当下热点、现实事件等是否有联系进行分级。网感是根据内容包含的网络文化的多少，与网络平台传播方式的匹配度大小，话题对网民吸引程度的大小进行分级。艺术性是根据电影叙事结构、情节、人物、场景、镜头设计等各方面创作的艺术化水平进行分级。思想性是根据主题所包含的思想深度，以及通过生动感人的艺术形象向人们传播先进的思想、高尚的情操，以让人获得美的艺术享受和熏陶，从而不断提高思想水平和精神境界进行分级。娱乐性是根据通过平民化、直观化、生活化且富有趣味的节奏、情节、人物和互动设计，使观众获得积极健康、愉悦快乐的生活感知、情感体验、心理补偿情况进行分级。故事性是根据"戏剧化"程度，包括该剧的故事情节、叙事技巧等进行分级。专业性是根据

电视剧中演员表演水平、剧集拍摄手法、剪辑技巧、服化道、灯光音效等的专业程度进行分级。出品与宣发方面，发行公司能力是根据发行公司名称、视频平台上影片官方账号粉丝数等进行分级。用户画像分级是根据《2018 年网络视听节目报告》相关数据确立。出品公司类型是根据网络电影相关报告进行划分。

播后指标数据的取值方法与播前指标数据的取值方法有所不同。在播出渠道和播出内容方面，播出平台影响力是根据第三方数据平台日活人数统计和官方公开说明的会员数据进行分级。播出平台个数是根据数目对应赋值。播出内容的黄金六分钟是根据网络电影相关文献整理进行分级。播放量分级是根据腾讯播放量、爱奇艺热度峰值、优酷热度分别分级后取最大值。播放时长分级也是三大视频平台分别分级后取最大值。弹幕量分级是根据视频平台和骨朵影视数据获取的数据确立。播出平台用户评分分级是根据视频平台的数据确立。百度指数、微博话题热度、豆瓣评分的分级是根据相关平台数据确立。

（二）层次分析法建立指标权重

1. 构建层次模型

层次分析法是 Saaty 提出的一种层次权重决策分析方法[①]。层次分析法将大量复杂的问题转化为层次模型，将专家的经验及主观判断进行量化，将决策问题按总目标、各层子目标、评价准则直至具体的方案的顺序分解为不同的层次结构，然后用求解判断矩阵特征向量的办法，求得每一层次的各元素对上一层次某元素的优先权重，最后再用加权的方法计算各方案对总目标的最终权重，最终权重最大者即为最优方案。层次分析法的应用很广泛，其最大的优点是使

---

① LEE S. Determination of priority weights under multi attribute decision-making situations: AHP versus fuzzy AHP [J]. Journal of construction engineering and management, 2015, 141（2）. DOI: 10.1061/（ASCE）CO.1943-7862.0000897.

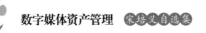

过程和结果都更加清晰直观，允许不确定性和主观性信息的情况存在[①]。因此，层次分析法非常适合对网络电影版权价值评估体系指标的权重赋值。

本研究运用层次分析法对数据进行标准化处理，能够确定网络电影版权价值评估各级指标的权重，并以此为基础建立层次分析模型，进而测算网络电影的版权价值，为后续修正与检验模型提供基础，确保了该版权评估方法的科学性、合理性。

本研究将各个指标进行分层，划分出一级指标、二级指标、三级指标，再将同一级之间的指标进行两两对比，请专家评分，再对专家问卷结果进行计算，从而给各级指标赋予权重，直观得出各层级、各指标的相对重要性，从而构建出网络电影版权价值评估体系。

2. 构建判断矩阵

为了确定影响网络电影版权价值的指标权重，本研究采用1—9标度法进行问卷调查，将指标两两对比的重要性程度分为九个等级。1—9标度法的优点是可以将专家的主观经验判断量化，清楚直观地体现指标的相对重要性，再通过建立判断矩阵，计算指标相应的权重。

本次调查问卷的调查对象是在网络电影领域有过制片、策划、编剧、导演等经验的影视专业人员。本次共发放39份调查问卷，最终收回32份。本次调查问卷首先将一级指标两两对比，再将相同一级指标的二级指标两两对比，最后将相同二级指标的三级指标两两对比，根据对比结果，构建判断矩阵X。为了形成数值判断矩阵，使用1—9标度法将判断定量化。

3. 判断矩阵一致性检验

构建判断矩阵后，还需要对判断矩阵进行一致性检验。由于相对重要性具有传递性，理想情况下，对于判断矩阵X而言，对于任意i、k、j应满足$X_{ik} \cdot X_{kj} = X_{ij}$。但是，在处理实际问题中，由于判断对象的复杂性和人的判断

---

① HO W，MA X. The state-of-the-art integrations and applications of the analytic hierarchy process［J］. European journal of operational research，2018，267（2）：399–414；RAJAK M，SHAW K. Evaluation and selection of mobile health（mHealth）applications using AHP and fuzzy TOPSIS［J］. Technology in society，2019，59. DOI：10. 1016/j. techsoc. 2019. 101186.

能力的局限性使得判断者在对因素进行判断时可能会出现因素排序不一致或整体排序不一致的问题。因此，为了保证层次分析法分析得到的结论符合常理，需要对判断矩阵进行一致性检验。

首先，计算度量判断矩阵偏离一致性的指标 CI，计算公式如下：

$$CI = \frac{\lambda_{\max} - n}{n - 1} \tag{1}$$

CI 越小，表明判断矩阵一致性越好。

其次，引入判断矩阵的平均随机一致性指标 RI 值，计算相对一致性指标的公式如下：

$$CR = \frac{CI}{RI} \tag{2}$$

当 $CR \leqslant 0.1$ 时，表明判断矩阵具有较好的一致性。

根据一致性检验基本公式，本研究利用 Python 软件编写了一致性检验的代码，以便于快速准确地对 32 份专家的问卷结果进行一致性检验。我们对检验过程进行了优化，主要步骤如下。

首先，针对未通过检验的判断矩阵构造出一个完全一致性矩阵 $\bar{X}$，计算公式如下：

$$\bar{X}_{ij} = \sqrt[n]{\prod_{k=1}^{n} X_{ik} X_{kj}} \quad i, j \in N \tag{3}$$

其次，根据原判断矩阵和完全一致性矩阵，构造一个调整矩阵 P，计算公式如下：

$$p_{ij} = (X_{ij})^{1-t} \times (X_{ij})^{t} \quad i, j \in N, t \in [0,1] \tag{4}$$

其中，t 称作调和因子，是控制原判断矩阵包含多少的参数，t 越小，包含的原始信息就越多，调整矩阵就越接近原矩阵。t 的取值是人为设置的，为了使 t 取值更为合理，一般有如下步骤。

第一，根据实际问题来确定 t 可接受的范围，范围是 $[a,b] \in [0,1]$，分别取 t 为 $[a,b]$ 的两端点值，调整矩阵 P 是否具有满意一致性，若两端点的检验矩阵都未达到一致性检验的要求，则需要专家重新填写问卷，提高问卷结果的逻辑合理性。

第二，如果端点 b 的检验矩阵达到一致性检验要求，则可以取点 b，构建达到一致性检验要求的调整矩阵 P，调整矩阵 P 可在一定程度上代表专家意愿。

第三，为了提高精确度，本研究在满足一致性检验基础上，t 的取值尽量小，取 $t = \dfrac{a+b}{2}$，检验矩阵 P 是否达到一致性检验要求，如果达到要求，则将 $\dfrac{a+b}{2}$ 代替 b，否则将 $\dfrac{a+b}{2}$ 代替 a，重置区间后反复进行以上操作，从而将区间缩小至满足更高精确度要求的范围，此时的 t 构建的调整矩阵 P 满足一致性检验要求，同时最大限度地代表专家的意愿。经过大量的计算，本研究发现将 t 设置为 0.4 时每个指标判断矩阵通过检验的个数占总数的比例都在80% 以上。

四、结果和讨论

（一）指标权重的确定

1. 单层权重确定

首先，计算判断矩阵每行因素的乘积 M_i，计算公式为：

$$M_i = \prod_{i=1}^{n} X_{ij} (i = 1, 2, \cdots, n) \tag{5}$$

其次，计算 M_i 的 n 次方根 $\bar{W}_i$，计算公式为：

$$\bar{W}_i = \sqrt[n]{M_i} \tag{6}$$

最后，对向量 $\bar{W} = [\bar{W}_1, \bar{W}_2, \cdots, \bar{W}_n]^{\mathrm{T}}$ 进行归一化处理，计算公式为：

$$W_i = \frac{\bar{W}_i}{\sum\limits_{j=1}^{n} \bar{W}_j} \tag{7}$$

单层次权重不考虑上级指标对下级指标的影响。根据单层权重计算方法编写代码，得出每个专家问卷结果的权重值，再计算平均值，得到单层次权重，各级指标权重和为 1，播前、播后的单层权重计算结果表明，对网络电影播前版权价值来说，作品价值的权重占比为 75%，出品与宣发的权重占比为 25%。在二级指标中，剧本质量的权重占比最高，为 52%。在三级指标中，权重占比前三的指标依次为主演影响力、剧目来源、网感。对网络电影播后版权价值来说，作品价值与传播效果权重占比相近。在二级指标中，剧目价值的权重占比最高，为43%。在三级指标中，权重占比前三的指标依次为播出平台影响力、主演影响力、题材类型的观众偏好。

2. 复合权重确定

各级复合权重，是指在考虑上级指标权重的影响下，计算本级指标权重，设一级指标单层权重为 $W = (W_1, W_2, \cdots, W_n)^\mathrm{T}$ ，对于一级指标 W_n 对应的二级指标单层权重为 $C_n = (C_{n1}, C_{n2}, \cdots, C_{nm})^\mathrm{T}$ ，则该二级指标的复合权重计算公式为：

$$W_{nm} = W_n \cdot C_{nm} \tag{8}$$

复合权重计算结果如表5、表6所示。结果表明，对于在一级指标单层权重的影响下，二级指标与三级指标的权重有所变化。对于网络电影播前版权价值，其作品价值指标下剧本质量的复合权重占比依旧最高，但权重占比降为39%。在三级指标中，复合权重占比最高的指标为剧本价值指标下的剧目来源，排名第二的指标为剧本价值指标下的题材类型的观众偏好。对于网络电影播后版权价值，其作品价值指标下的剧目价值复合权重占比依旧最高，但权重占比降为22%。在三级指标中，复合权重占比前三的指标分别为剧目价值指标下的题材类型的观众偏好、主创团队指标下的主演影响力、播出渠道指标下的播出平台影响力。

表5　播前各级指标复合权重计算结果

一级指标	复合权重	二级指标	复合权重	三级指标	赋值	复合权重
作品价值	0.75	剧本质量	0.39	剧目来源	$a1$	0.12
				题材类型的观众偏好	$a2$	0.11
				故事性	$a3$	0.09
				思想性	$a4$	0.07

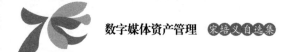

续表

一级指标	复合权重	二级指标	复合权重	三级指标	赋值	复合权重
作品价值	0.75	主创团队	0.21	主演影响力	$a5$	0.09
				导演影响力	$a6$	0.06
				专业性	$a7$	0.06
		作品特色	0.15	社会热点度	$a8$	0.04
				网感	$a9$	0.04
				艺术性	$a10$	0.03
				娱乐性	$a11$	0.04
出品与宣发	0.25	出品公司实力	0.07	出品公司实力	$a12$	0.07
		发行公司能力	0.08	发行公司能力	$a13$	0.08
		受众定位	0.10	受众定位	$a14$	0.10

表6　播后各级指标复合权重计算结果

一级指标	复合权重	二级指标	复合权重	三级指标	赋值	复合权重
作品价值	0.51	剧目价值	0.22	题材类型的观众偏好	$b1$	0.11
				故事性	$b2$	0.07
				思想性	$b3$	0.04
		主创团队	0.14	主演影响力	$b4$	0.10
				专业性	$b5$	0.05

一级指标	复合权重	二级指标	复合权重	三级指标	赋值	复合权重
作品价值	0.51	作品特色	0.15	社会热点度	$b6$	0.04
				网感	$b7$	0.04
				艺术性	$b8$	0.02
				娱乐性	$b9$	0.04
传播效果	0.49	播出渠道	0.14	播出平台影响力	$b10$	0.10
				播出平台个数	$b11$	0.03
		黄金六分钟内容质量	0.14	黄金六分钟内容质量	$b12$	0.14
		视频平台的传播效果	0.12	播放量	$b13$	0.05
				播放时长	$b14$	0.03
				弹幕量	$b15$	0.02
				播出平台用户评分	$b16$	0.03
		社交平台影响力	0.09	百度指数	$b17$	0.03
				微博热度	$b18$	0.03
				豆瓣评分	$b19$	0.03

根据表 5 确定的权重，可以得到电视剧播前版权价值评估值 f_1 的计算公式为：

$$f_1 = 0.12a_1 + 0.11a_2 + 0.09a_3 + 0.07a_4 + 0.09a_5 + 0.06a_6 + 0.06a_7 + 0.04a_8 + 0.04a_0 + 0.03a_{10} + 0.04a_{11} + 0.07a_{12} + 0.08a_{13} + 0.10a_{14} \tag{9}$$

根据表 6 确定的权重，可以得到电视剧播后版权价值评估值 f_2 的计算公式为：

$$f_2 = 0.11b_1 + 0.07b_2 + 0.04b_3 + 0.10b_4 + 0.05b_5 + 0.04b_6 + 0.04b_7 + 0.02b_8 + 0.04b_9 + 0.10b_{10} + 0.03b_{11} + 0.14b_{12} + 0.05b_{13} + 0.03b_{14} + 0.02b_{15} + 0.03b_{16} + 0.03b_{17} + 0.03b_{18} + 0.03b_{19} \tag{10}$$

（二）运用指标及权重进行网络电影价值评估示例

根据得到的指标复合权重，本研究以 2018 年的网络电影《灵魂摆渡·黄泉》为例进行网络电影价值评估。首先，对《灵魂摆渡·黄泉》的各项主客观指标进行赋值。其次，计算各指标的价值评估得分。然后，将各指标价值评估得分相加，得到《灵魂摆渡·黄泉》播前和播后的价值评估总分，分别如表 7、表 8 所示。价值评估初始值满分为 3 分，可以乘以 3.33 的系数转换为 10 分制。由表 7 可知，该片播前的价值评估总分初始为 2.67 分，相当于 10 分制的 8.9 分。由表 8 可知，该片播后价值评估总分初始为 2.82 分，相当于 10 分制的 9.4 分。可见，《灵魂摆渡·黄泉》的播前和播后价值总分都较高，且在播出后价值得分有一定上升，说明该电影的播出效果较好。

表 7 《灵魂摆渡·黄泉》播前价值评估

一级指标	二级指标	三级指标	复合权重	指标赋值	复合权重 × 指标赋值
作品价值	剧本质量	剧目来源	0.12	3	0.36
		题材类型的观众偏好	0.11	3	0.33
		故事性	0.09	3	0.27
		思想性	0.07	2	0.14
	主创团队	主演影响力	0.09	3	0.27
		导演影响力	0.06	3	0.18
		专业性	0.06	3	0.18
	作品特色	社会热点度	0.04	1.5	0.06
		网感	0.04	2.5	0.1
	作品特色	艺术性	0.03	3	0.09
		娱乐性	0.04	3	0.12

一级指标	二级指标	三级指标	复合权重	指标赋值	复合权重 × 指标赋值
出品与宣发	出品公司实力	出品公司实力	0.07	3	0.21
	发行公司能力	发行公司能力	0.08	2	0.16
	受众定位	受众定位	0.10	2	0.2
合计			1	37	2.67

表 8 《灵魂摆渡·黄泉》播后价值评估

一级指标	二级指标	三级指标	复合权重	指标赋值	复合权重 × 指标赋值
作品价值	剧目价值	题材类型的观众偏好	0.11	3	0.33
		故事性	0.07	3	0.21
		思想性	0.04	2	0.08
	主创团队	主演影响力	0.1	3	0.3
		专业性	0.05	3	0.15
	作品特色	社会热点度	0.04	1.5	0.06
		网感	0.04	2.5	0.1
		艺术性	0.02	3	0.06
		娱乐性	0.04	3	0.12
传播效果	播出渠道	播出平台影响力	0.1	3	0.3
		播出平台个数	0.03	1	0.03
	黄金六分钟内容质量	黄金六分钟内容质量	0.14	3	0.42

续表

一级指标	二级指标	三级指标	复合权重	指标赋值	复合权重×指标赋值
传播效果	视频平台的传播效果	播放量	0.05	3	0.15
		播放时长	0.03	3	0.09
		弹幕量	0.02	3	0.06
		播出平台用户评分	0.03	3	0.09
	社交平台影响力	百度指数	0.03	3	0.09
		微博热度	0.03	3	0.09
		豆瓣评分	0.03	3	0.09
合计			1	52	2.82

（三）进一步分析：运用大数据构建网络电影版权价值评估模型

1.播前价值得分评价指标体系构建

本研究进一步运用因子分析法进行指标的优化，并直接利用优化后的播前指标建立价值评估量表①。本研究运用相关分析，筛选出与所有播前传播效果指标至少有一项相关的指标，如果某一播前评价指标和播后传播效果的任何一个都无关，说明评价指标在价值评价中是无效的。本研究将题材类型分为爱情、动作、悬疑、奇幻、喜剧、剧情、武侠、科幻、犯罪、冒险、惊悚等11个主要类型，分析结果表明，除了冒险、惊悚两类和所有传播效果指标都无关，其他指标都与传播效果指标相关。在现阶段，由于各平台的播放量数据统计口径不一，百度指数和豆瓣评分在各部网络电影之间差异太过明显。因此，本研究统一采用赋值的分级数据进行分析，对选取的246部网络电影的相关数据和指标赋值进行后续分析。

提取公因子是指标体系构建的重要环节，本研究使用主成分分析方法提取公因子，通过相关系数矩阵求出非负特征根。因子分析结果表明，前15

---

① KEH H T，JI W B，WANG X，et at. Online movie ratings：a cross-cultural，emerging Asian markets perspective［J］. International marketing review，2015，32（3/4）：366-388.

个因子变量的特征值大于 1, 因此, 提取前 15 个因子的累计方差贡献度为 80.279%, 说明提取的前 15 个公因子对播前评价有较好的解释度。对因子载荷矩阵进行方差最大化正交旋转后得到因子载荷表, 可以更好地反映出公共因子各个变量之间的关系。本研究在每个因子聚集的原始指标中分别选取一个最合适的指标, 用选出的 15 个指标构建出播前价值得分评价量表, 如表 9 所示。这 15 个指标的取值范围为 6 ~ 25 分, 运用这些指标构建价值评价量表, 如果以 x 表示评价得分的原始值, 设十分制下最小取值为 1 分, 最大值为 10 分, 则以 V 表示十分制下的评价得分的线性转换公式为:

$$V = (x-6) \times 9/19 + 1 \tag{11}$$

表 9　播前价值得分评价量表

指标	取值范围	《灵魂摆渡·黄泉》指标取值
主演影响力最终分级	1、2、3	3
导演影响力最终分级	1、2、3	3
用户画像分级	1、2、3	2
专业性	1、2、3	3
题材类型分级	1、2、3	3
网感	0、1	1
社会热点度	0、1	0
主演过往作品个数	0 ~ 3	2.2
发行公司能力分级	1、2、3	2
动作	0、1	1
犯罪	0、1	0
是否 IP 改编	0、1	1
剧情	0、1	0
科幻	0、1	0
武侠	0、1	0
播前价值得分		21.2

播前价值得分评价量表中每个指标的取值方法如表9第二列所示。以《灵魂摆渡·黄泉》为例进行价值得分的计算，其得分结果见表9的最后一列。可以看出，运用量表法进行价值评价，《灵魂摆渡·黄泉》的价值评分为21.2分，换算成十分制后为8.2分，这与指标权重评价方法得到的结果十分接近。

2. 传播效果指标分析

本研究涉及的传播效果指标有播放量、播放时长、弹幕量、播出平台用户评分、百度指数、微博话题阅读量、微博话题讨论量、豆瓣评分等，这些指标之间有的有很强的相关关系，说明信息冗余，需要精简。

本研究运用因子分析法对传播效果指标进行分析。因子分析结果如表10所示，因子旋转后的载荷矩阵如表11所示，前5个因子的特征值大于1。因此，提取前5个因子的累计方差贡献度为90.478%，说明提取的前5个公因子就能解释原来8个指标超过90%的信息，具有较好的解释度。根据因子分析结果以及指标之间的关系，本研究最后保留了播放量赋值、讨论量赋值、豆瓣评分赋值、平台评分赋值、百度指数赋值等5个指标作为播后评价指标的组成部分。网络电影传播效果评价量表如表12所示，本研究认为，这5个指标是网络电影的传播效果评价量表的重要组成部分，这些指标的最小值为5，最大值为14。因此，如果以 x 表示评价得分的原始值，设十分制下最小取值为1分，最大值为10分，则以 V 表示十分制下的评价得分的线性转换公式为：

$$V = x - 4 \tag{12}$$

表10　传播效果指标因子解释总方差比

成分	初始特征值			提取载荷平方和			旋转载荷平方和		
	总计	方差百分比	累积 %	总计	方差百分比	累积 %	总计	方差百分比	累积 %
1	3.627	45.337	45.337	3.627	45.337	45.337	2.209	27.611	27.611
2	1.338	16.725	62.063	1.338	16.725	62.063	1.832	22.904	50.515

成分	初始特征值			提取载荷平方和			旋转载荷平方和		
	总计	方差百分比	累积 %	总计	方差百分比	累积 %	总计	方差百分比	累积 %
3	0.881	11.016	73.079	0.881	11.016	73.079	1.158	14.473	64.988
4	0.852	10.650	83.729	0.852	10.650	83.729	1.068	13.350	78.338
5	0.540	6.749	90.478	0.540	6.749	90.478	0.971	12.140	90.478
6	0.452	5.646	96.124						
7	0.200	2.496	98.620						
8	0.110	1.380	100.000						

表 11　传播效果指标因子旋转后的载荷矩阵

	成分				
	1	2	3	4	5
播放量赋值	0.922				
播放时长赋值	0.912				
弹幕量赋值	0.596				
阅读数赋值		0.920			
讨论量赋值		0.918			
豆瓣评分赋值			0.926		
平台评分赋值				0.962	
百度指数赋值					0.913

表 12　网络电影传播效果评价量表

指标	指标意义	指标取值范围
播放量分级	观众观看行为	1、2、3
讨论量分级	观众参与度	1、2

指标	指标意义	指标取值范围
豆瓣评分分级	大平台导向度	1、2、3
平台评分分级	观众口碑	1、2、3
百度指数分级	观众关注度	1、2、3

3.播后价值得分评价指标体系构建

播后评价仍运用因子分析法进行指标的优化，并直接利用优化后的指标建立价值评价量表。本研究把播后评价指标与表12列出的传播效果指标放在一起进行因子分析，因子分析结果如表13所示，前15个因子变量的特征值大于1，提取前15个因子的累计方差贡献度为78.555%，说明提取的前15个公因子对播后评价有较好的解释度。对因子载荷矩阵进行方差最大化正交旋转后得到了因子载荷矩阵。

表 13　播后评价指标因子解释总方差比

成分	初始特征值			提取载荷平方和			旋转载荷平方和		
	总计	方差百分比	累积%	总计	方差百分比	累积%	总计	方差百分比	累积%
1	5.279	15.998	15.998	5.279	15.998	15.998	3.403	10.314	10.314
2	2.758	8.359	24.356	2.758	8.359	24.356	2.889	8.754	19.067
3	2.509	7.603	31.960	2.509	7.603	31.960	2.228	6.752	25.820
4	2.087	6.324	38.284	2.087	6.324	38.284	2.112	6.399	32.219
5	1.631	4.942	43.226	1.631	4.942	43.226	1.790	5.425	37.644
6	1.615	4.893	48.119	1.615	4.893	48.119	1.786	5.411	43.055
7	1.548	4.691	52.810	1.548	4.691	52.810	1.545	4.682	47.737
8	1.330	4.030	56.840	1.330	4.030	56.840	1.452	4.399	52.136
9	1.210	3.665	60.505	1.210	3.665	60.505	1.447	4.384	56.520
10	1.152	3.491	63.996	1.152	3.491	63.996	1.258	3.811	60.331

成分	初始特征值			提取载荷平方和			旋转载荷平方和		
	总计	方差百分比	累积%	总计	方差百分比	累积%	总计	方差百分比	累积%
11	1.036	3.139	67.135	1.036	3.139	67.135	1.257	3.810	64.141
12	1.013	3.070	70.205	1.013	3.070	70.205	1.216	3.686	67.827
13	0.980	2.971	73.176	0.980	2.971	73.176	1.194	3.618	71.445
14	0.904	2.741	75.917	0.904	2.741	75.917	1.175	3.560	75.006
15	0.870	2.638	78.555	0.870	2.638	78.555	1.171	3.549	78.555
16	0.787	2.384	80.938						
17	0.747	2.263	83.201						
…			…						
33	−2.282E−15	−6.915E−15	100.000						

本研究在每个因子聚集的原始指标中分别选取一个最合适的指标，用选出的 15 个指标构建出播后价值得分评价量表，如表 14 所示。这 15 个指标的取值范围为 3 ~ 18 分，运用这些指标构建播后价值评价量表，如果以 x 表示评价得分的原始值，设十分制下最小取值为 1 分，最大值为 10 分，则以 V 表示十分制下的评价得分的线性转换公式为：

$$V = (x-3) \times 9/15 + 1 \tag{13}$$

表 14　播后价值得分评价量表

指标	取值范围	《灵魂摆渡·黄泉》指标取值
主演影响力分级	1、2、3	3
故事性	1、2、3	3
网感	0、1	1
社会热点度	0、1	0

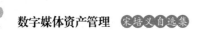

指标	取值范围	《灵魂摆渡·黄泉》指标取值
平台评分分级	1、2、3	3
百度指数分级	1、2、3	3
爱情	0、1	1
犯罪	0、1	0
动作	0、1	1
科幻	0、1	0
喜剧	0、1	0
武侠	0、1	0
奇幻	0、1	0
黄金六分钟内容质量	1、2、3	3
播放平台个数	由于因子载荷系数为负，取值 −2、−1、0，分别与平台数的 3、2、1 对应	−1
播后价值得分		17

  播后价值得分评价量表中每个指标的取值方法见表 14 第二列所示。仍以《灵魂摆渡·黄泉》为例进行播后价值得分的计算，其得分结果见表 14 的最后一列，可以看出，运用量表法进行播后价值评价，《灵魂摆渡·黄泉》价值评分为 17 分，换算成十分制后为 9.4 分，与运用指标权重方法得到的结果一致，意味着该片的播后价值得分比播前价值得分更高。

五、结论

  随着网络电影行业的发展，版权价值管理、保护与开发成为版权价值转化的一项必要工作，对行业市场形成良性发展具有重要意义。本研究结合当下中国网络电影发展现状，构建了网络电影版权价值评估体系。首先，本研究通过文献检索，梳理出影响网络电影版权价值评估的重要因素。其次，通过问卷调查收集专家建议，运用模糊评价法建立网络电影版权价值评估指标，并对评估指标进行科学的市场化修正。然后，采用层次分析法对数据进行标准化处理，计算得到了网络电影版权价值评估各级指标的权重。在此基础上，结合大数据分析计算网络电影版权价值。最后，基于市场反馈数据，对网络电影版权价值评估模型进行实证检验。研究表明，对于网络电影播前版权价值，二级指标中剧本质量的复合权重占比最高，三级指标中复合权重占比最高的指标为剧目来源，排名第二的指标为题材类型的观众偏好。对于网络电影播后版权价值，二级指标中剧目价值复合权重占比最高，三级指标中复合权重占比前三的指标分别为题材类型的观众偏好、主演影响力和播出平台影响力。根据得到的指标复合权重和市场反馈数据，本研究以网络电影《灵魂摆渡·黄泉》为例进行网络电影价值评估。对评估模型进行修正和实证检验发现，本研究建立的网络电影版权价值评估模型具有较高的精确度，能够对网络电影播前和播后价值进行有效评价。

目前，中国还没有针对网络电影版权价值评估的模型和方法，本研究是在以往的学术研究经验的基础上进行完全自主的创新性研究，构建出基于行业专家反馈的网络电影版权价值评估体系、价值评价方法和评价模型，为网络电影行业的发展提供了一套科学有效的基础方法。

本研究构建的网络电影版权价值评估体系在网络电影相关学术研究与实证检验方面体现出了前瞻性和创新性，为推动网络电影版权内容市场化工作的有序开展、增强版权管理的科学配置、提高版权交易的公平售卖作出了一定的贡献。在学术创新方面，本研究构建了网络电影版权价值评估体系。与电视剧、网络剧和传统电影相比，网络电影发展时间较短，可借鉴的学术研究成果较少，因此，本研究对网络电影进行全方位的数据收集和价值评估，提出了一套科学有效的网络电影版权价值评估方法和体系，能够为各类影视生产机构和视频播放平台提供一套有效的网络电影版权价值评估模型和实践方法。在应用创新方面，本研究构建出的网络电影版权价值评估方法与评价

模型，是将定量分析与定性分析相结合，成果可读性强，容易实现与操作，便于应用。同时，该模型基础性强，研究内容相对全面，评估方法与评价模型的成长性强，可随着时代发展在此基础上进行即时更新，根据行业最新动态，统计更为翔实的数据，对模型进行进一步的修正检验，以便于符合网络电影市场机制特征，提高精确度。

本研究也存在一定的局限性。一方面，由于在研究进行过程中，研究者尚未拿到选取的部分指标的数据，因此，当前版本评估体系与评价模型有一部分优化空间。另一方面，网络电影市场体制与行业形态并未达到更为成熟、稳定的程度，因此，整个行业发展的偶然性、变动性随时存在，本研究高度适用于当前行业形态，如若未来行业市场发展变动较大，该体系与模型仍须修正。未来的研究者可以在这方面进行更深入的探索。